U0190136

贵池
鸟类图志

主编 吴海龙　赵　凯　程东升

顾问 杨张华　陆志敏　罗蔚茵　方开志

编委（以姓氏笔画为序）

方再能　朱长虹　刘根美　杜政荣

李志明　吴旭东　吴柏敏　吴海龙

何忠稳　汪　湜　汪家财　陈立志

赵　凯　钱叶军　高三祥　黄海明

韩贵严　疏贵平　程小平　程东升

中国科学技术大学出版社

内 容 简 介

安徽省池州市贵池区地处皖江南岸,由北至南依次是沿江平原、丘陵岗地和中低山地,自然条件优越,鸟类多样性丰富。本书系统记录了贵池鸟类18目63科305种,包括非雀形目鸟类30科160种,雀形目33科145种。在编写体例上吸纳国内外同类图鉴的优点,以彩色照片为引领,配以简要的文字着重介绍物种的识别特征、生态习性、在贵池的分布概况、居留型以及保护等级等信息。本书对贵池及周边地区鸟类保护和研究具有重要的参考价值,同时,作为工具书可为贵池及周边地区鸟类爱好者野外观鸟、护鸟提供帮助。

图书在版编目(CIP)数据

贵池鸟类图志/吴海龙,赵凯,程东升主编 . —合肥:中国科学技术大学出版社,2019.6

ISBN 978-7-312-04707-7

Ⅰ. 贵… Ⅱ.①吴… ②赵… ③程… Ⅲ. 鸟类—贵池区—图集 Ⅳ. Q959.708-64

中国版本图书馆 CIP 数据核字(2019)第 108742 号

出版	中国科学技术大学出版社
	安徽省合肥市金寨路96号,230026
	http://press.ustc.edu.cn
	https://zgkxjsdxcbs.tmall.com
印刷	合肥市宏基印刷有限公司
发行	中国科学技术大学出版社
经销	全国新华书店
开本	787 mm×1092 mm 1/16
印张	19
字数	180千
版次	2019年6月第1版
印次	2019年6月第1次印刷
定价	120.00元

前　言

　　贵池，地处皖江南岸，北临浩荡长江，南倚佛教圣地九华山，为安徽历史文化名城，素有"千载诗人地"之美誉。诗仙李白曾五游秋浦，留下了瑰丽的《秋浦歌》；晚唐著名诗人杜牧在贵池城西踏春时，写下了妇孺皆知的《清明》；抗金英雄岳飞曾登临齐山，留下"好山好水看不足，马蹄催趁月明归"之名句。康熙年间，郎遂编撰的《杏花村志》是唯一入选《四库全书》的村志，贵池杏花村因此被誉为"天下第一诗村"。

　　贵池不仅人文历史底蕴深厚，独特的地理区位也造就了南北迥异的自然景观。南部的老山、金家山毗邻九华山，保存了皖南山区北缘最完整的亚热带森林生态系统，这里森林覆盖率高，生物多样性丰富，是白颈长尾雉、黑麂等中国特有濒危野生动物在华东地区的分布北限。北部的沿江湿地水网密布，是东亚-澳大利西亚水鸟迁徙的重要通道，以国际重要湿地——升金湖为代表的中小型湖泊，每年为十多万只水鸟提供越冬栖息地。

　　贵池自古人杰地灵。贵池人尊重自然，敬畏自然。早在20世纪90年代，贵池的发展定位就是"以青山清水为本，走生态经济之路"。1999年，贵池区成为中国首个生态经济示范区。贵池人在发展经济的同时，高度重视对自然资源的保护，现有国家级自然保护区1个、省级自然保护区2个、国家级和省级湿地公园各1个、省级森林公园1个。值得一提的是，在贵池区自然保护站的组织和影响下，贵池民间野生动物保护和宣传活动有声有色。十八索省级自然保护区巡护员杜政荣先生，2010年获中国野生动物保护协会颁发的"斯巴鲁生态保护奖"；2016年成立了"鸟网安徽省池州野生鸟类保护志愿者协会"，志愿者协会护鸟达人汪湜先生2017年被中国野生动物保护协会评为"护飞先进个人"，2018年获得"斯巴鲁生态保护奖"。著名动物学家、《中国鸟类野外手册》主编约翰·马敬能博士及全球环境基金(GEF)安徽项目国内外专家对贵池区湿地保护、管理和宣传工作都给予了高度评价。

《贵池鸟类图志》是贵池人多年坚持保护野生动物的成果之一。本书记录贵池鸟类 18 目 63 科 305 种，所有物种均附有高质量的原生态摄影照片，绝大部分照片均为池州野生鸟类保护志愿者的作品。本书分类体系参照《中国鸟类分类与分布名录（第 3 版）》（郑光美，2017），在简述贵池区自然地理环境的基础上，重点介绍贵池境内的鸟类多样性及其分布，旨在为区域鸟类调查、保护和管理提供基础资料。本书文字精简，着重通过图片展示物种形态特征，期望为地方管理人员、民间鸟类摄影爱好者传递更为直观的信息。

目　录

■ 䴙䴘目 Podicipediformes

■ 鸽形目 Columbiformes

■ 夜鹰目 Caprimulgiformes

■ 鹃形目 Cuculiformes

■ 鸮形目 Strigiformes

■ 犀鸟目 Bucerotiformes

■ 佛法僧目 Coraciiformes

绪　论

一、贵池区自然地理概况

安徽省池州市贵池区位于安徽省南部的长江南岸,北临浩荡长江,南接雄奇黄山,东北与铜陵襟连,西北与安庆隔江相望,是池州市政治、经济、文化中心。全区总面积2415 km²,地理坐标为:东经117°06′~117°50′,北纬30°15′~30°48′。辖11个街道(池阳街道、秋浦街道、里山街道、江口街道、梅龙街道、马衙街道、墩上街道、秋江街道、杏花村街道、清风街道、清溪街道)、9个镇(殷汇镇、牛头山镇、涓桥镇、梅街镇、梅村镇、唐田镇、牌楼镇、乌沙镇、棠溪镇),常住人口65万人。

贵池区跨沿江丘陵平原和皖南山地两个大的地理单元。按地貌形态可将全区划分为平原、丘陵和山地三种类型。南部为中低山地,海拔多在500~1000 m,最高峰老山1156 m,山坡坡度为20°~35°,山体多连续,山间谷地较狭窄。中部多丘陵,海拔在50~500 m,山丘多不连续,山间谷地较为开阔。北部为沿江平原,主要分布于长江南岸及其支流两侧。区内湿地资源丰富,湿地面积21497 hm²。其中,湖泊湿地7776 hm²,包括升金湖、十八索湖、天生湖、平天湖、丰收湖、西岔湖、庆丰圩以及西湖等;永久性河流湿地8129 hm²,包括长江干流76 km,以及长江支流黄湓河、秋浦河、龙舒河、白洋河、九华河以及青通河等;此外,沼泽湿地1708 hm²,人工湿地3884 hm²。贵池区土壤以红壤、黄棕壤、潮土、水稻土等为主。山地植被以常绿阔叶林为主,全区森林覆盖率为48.8%。

贵池区属亚热带季风性湿润气候区,气候温和,雨量适中,光照充足,四季分明,季风明显。年平均气温16.1℃,最热月7月,平均温度28.7℃;最冷月1月,平均温度3.1℃。年平均日照时间为1900小时左右,多年平均蒸发量1447 mm。平均年降雨量在1400~1700 mm,6月中旬至7月中旬是主要雨季,为"梅雨期"。平均无霜期242天。

二、贵池区保护地概况

贵池区南接皖南山地。其东南部的老山、金家山等海拔超过1000 m,较好地保存了皖南山区最北缘的亚热带森林生态系统,区域内生物多样性丰富,也是白颈长尾雉、黑麂等中国特有濒危野生动物在皖南的分布北限。贵池区北邻长江,湿地资源丰富,湿地类型多样,且地处东亚-澳大利西亚水禽迁徙的主要通道上,是长江中下游地区以中小型湖泊为特征的越冬水禽重要栖息地。为了有效保护和管理这些宝贵的自然资源,先后建立了升金湖国家级自然保护区、老山与十八索两个省级自然保护区,以及平天湖国家级湿地公园和杏花村省级湿地公园。

升金湖国家级自然保护区　升金湖享有"中国鹤湖"之美誉。1986年建立省级自然保护区,1998年被提升为国家级自然保护区。该保护区位于贵池区西南与东至县交界处,地理坐标为:东经116°55′~117°15′,北纬30°15′~30°30′。保护区总面积33340 hm²,其中,水域面积13300 hm²。保护区四周地形多样,湖岸曲折,湖汊较多,湖岸周长165 km,自西向北自然形成3个相连的湖区。小路嘴以南为上湖,面积5800 hm²;八百丈以北为下湖,面积2300 hm²;中湖即升金湖,面积5200 hm²。保护区涉及贵池区的唐田和牛头山2个镇,面积约8000 hm²。

（王继明　摄）

贵池老山省级自然保护区　位于贵池区东南部,地处皖南山区北缘,属九华山山脉。在行政区划上涉及梅街、棠溪、梅村3个镇,地理坐标为:东经117°39′~117°48′,北纬30°19′~30°27′。保护区总面积13855 hm²,其中,核心区4284 hm²,缓冲区1850 hm²,实验区7721 hm²。1998年设立了市级自然保护区,2001年晋升为省级自然保护区。保护区境内群峰叠嶂,最高峰老山海拔1156 m,相对高差达980 m,生态环境独特多样,生物多样性极其丰富。

（吴双启　摄）

贵池十八索省级自然保护区　位于贵池区东北部的沿江圩区，是由以十八索湖为主体的一系列小型湖泊构成的，以保护越冬水禽和湿地生态系统为主的湿地型自然保护区。地理坐标为：东经117°43′53″～117°47′56″，北纬30°41′45″～30°45′39″。总面积3651.6 hm²，其中，核心区面积1056 hm²，缓冲区面积630 hm²，实验区面积1965.6 hm²。该保护区在行政区划上涉及梅龙和墩上2个街道。与老山省级自然保护区一样，十八索也是在1998年设立为市级保护区的基础上，2001年晋升为省级自然保护区。

（王继明　摄）

平天湖国家级湿地公园　位于贵池区境内,东连教育园区,北靠经济技术开发区,南接站前区,西与池州市主城区紧密相连。地理坐标为:东经117°29′28″~117°34′20″,北纬30°37′31″~30°41′59″。该湿地公园2011年获批试点建设,2017年通过国家林业局验收,正式成为国家级湿地公园。总规划面积2901 hm²,其中,湿地面积2083 hm²。湿地公园主体包括平天湖和月亮湖两个永久性淡水湖泊,以及包家河和白沙河两个永久性河流。

（方再能　摄）

杏花村省级湿地公园　位于贵池区西部,北至昭明大道,南至天生湖南麓,西至秋浦河西岸、东至白洋河东岸。该湿地公园2015年获批省级湿地公园试点建设,2018年调整后的规划面积为1949.58 hm²,其中,湿地面积1835.8 hm²,湿地率达94.16%。地理坐标为:东经117°20′43″~117°28′05″,北纬30°32′59″~30°38′45″。

（程东升　摄）

三、鸟类外部形态

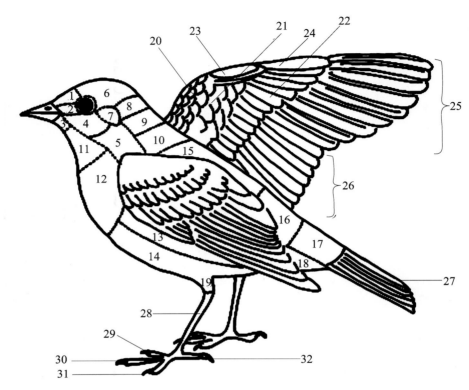

鸟类外部形态示意图（引自《安徽鸟类图志》）

1. 额；2. 眼先；3. 颏；4. 颊；5. 颈侧；6. 顶；7. 耳羽；8. 枕；9. 上颈；10. 下颈；11. 喉；12. 胸；
13. 胁；14. 腹；15. 背；16. 腰；17. 尾上覆羽；18. 尾下覆羽；19. 腿；20. 小覆羽；21. 中覆羽；
22. 大覆羽；23. 小翼羽；24. 初级覆羽；25. 初级飞羽；26. 次级飞羽；27. 尾羽；28. 跗蹠；
29. 内趾；30. 中趾；31. 外趾；32. 后趾

贵池鸟类各论

鸡形目 Galliformes

雉科 Phasianidae

鹌鹑 *Coturnix japonica* Japanese Quail

（夏家振　摄）

小型陆禽。形似小鸡，具白色长眉纹。冬羽：体羽沙褐色，杂以黄白色矛状条纹；胸部橙黄色，两胁栗褐色，具杂以斑纹。虹膜红褐色；嘴黑褐色；脚和趾红色。

冬候鸟。栖息于低山、丘陵地带近水的草丛或灌丛。主要以植物组织和种子为食。国家"三有"保护鸟类。

（夏家振　摄）

灰胸竹鸡 *Bambusicola thoracica* Chinese Bamboo Partridge

小型陆禽。成鸟：眉纹蓝灰色，头侧、颏、喉栗红色；上体褐色沾灰，杂以栗红色斑点；上胸蓝灰色，胸以下棕黄具黑褐色点斑。虹膜红褐色；嘴黑褐色；脚绿色，雄鸟腿后缘具"距"，雌鸟无。

留鸟。栖于低山、丘陵地区的竹林地带。喜结小群，杂食性。国家"三有"保护鸟类。

（杜政荣 摄）

（汪湜 摄）

勺鸡 *Pucrasia macrolopha* Koklass Pheasant

中等陆禽。雄鸟：腿后缘具"距"；头具显著的黑色羽冠，头侧辉绿，颈侧基部具白色块斑；上体灰白具"V"形黑色条纹；胸、腹栗色。雌鸟：颈基具棕白色块斑；上体棕褐色，密布黑褐色细纹；颏、喉棕白色，胸、腹多土黄色具黑色条纹，尾下覆羽栗红杂以白色。虹膜褐色；嘴黑灰色；脚灰褐色。

留鸟。栖息于山地多岩林地。主要以植物种子和果实为食。国家Ⅱ级重点保护鸟类。

雌鸟 （夏家振 摄）

雄鸟 （汪湜 摄）

雄鸟 （汪湜 摄）

白鹇 *Lophura nycthemera* Silver Pheasant

大型陆禽。雄鸟:腿后缘具距;上体白色具密布黑色细纹,下体蓝黑色;尾羽长,中央尾羽纯白色,外侧尾羽具波形黑纹。雌鸟:头顶及羽冠暗褐色,脸部裸皮暗红色;体羽橄榄褐色。虹膜褐色;嘴黄色;脚红色,爪黄色。幼鸟似雌鸟,下体黑色密布白色"V"形斑。

留鸟。栖息于山地常绿阔叶林。成群活动,食性杂。国家Ⅱ级重点保护鸟类。

雄鸟 (汪湜 摄)

雌鸟 (俞肖剑 摄)

左雌、右雄 (夏家振 摄)

白颈长尾雉 *Syrmaticus elliot* Elliot's Pheasant

雌鸟 （汪湜 摄）

中大型陆禽；雄鸟：腿后缘具距。脸部裸皮红色，后颈和颈侧灰白色；上体多栗色；尾羽银灰色具栗褐色宽横纹，中央尾羽特别延长。雌鸟：头顶至后颈栗褐色，体羽灰褐至暗褐色，尾羽较短。虹膜黄色；嘴浅黄至灰褐色；脚蓝灰色。

留鸟。栖息于山地、丘陵地区。小群活动，食性杂。国家Ⅰ级重点保护鸟类，IUCN红色名录近危种（NT）；CITES附录Ⅰ。

雄鸟 （汪湜 摄）

环颈雉 *Phasianus colchicus* Ring-necked Pheasant

中大型陆禽。雄鸟:腿后缘具距。眼周裸皮红色;颈蓝绿色具金属光泽,基部具白环;体羽色彩斑驳;中央尾羽特别延长,灰黄而具黑色横纹。雌鸟:尾羽短,眼周裸皮暗红;上体黑、黄相杂,下体灰黄。虹膜红褐色;嘴浅黄至褐色;脚灰黄。

留鸟。栖息于低山、丘陵以及平原地区的林缘、灌丛。小群活动,杂食性。国家"三有"保护鸟类。

雌鸟 (杜政荣 摄)

雄鸟 (赵凯 摄)

雄鸟 (汪湜 摄)

雁形目 Anseriformes

鸭科 Anatidae

小天鹅 *Cygnus columbianus* Tundra Swan

　　大型游禽。成鸟通体白色，似大天鹅。但嘴基部黄色区域相对较小，沿嘴缘向前延伸不超过鼻孔。虹膜棕褐色；脚黑色。幼鸟体羽白色占灰，头部褐色较重；嘴粉色。

　　冬候鸟。栖息于水生植物丰茂的开阔水域。性喜集群。主要以水生植物的根、茎和种子为食。国家Ⅱ级重点保护鸟类。

（汪湜　摄）

（赵凯　摄）

（汪湜　摄）

鸿雁 *Anser cygnoides* Swan Goose

　　大型游禽。雄鸟上嘴基部有一疣状突。成鸟：嘴与额基之间有一棕白色细纹；头顶至后颈棕褐色，颈侧棕白色。上体及两翼暗褐色，下体浅棕色。虹膜褐色，嘴黑色，脚橙红色。幼鸟上嘴基部无白纹。

　　冬候鸟。栖息于开阔的水域。性喜集群，主要以草本植物的叶、芽为食。国家"三有"保护鸟类；IUCN红色名录易危（VN）。

（汪湜　摄）

（汪湜　摄）

（赵凯　摄）

豆雁 *Anser fabalis* Bean Goose

　　大型游禽。成鸟:头及体羽暗棕褐色至灰褐色,具浅色羽缘;翼、尾及腰黑褐色,腰侧和尾上覆羽白色。虹膜暗褐色;嘴黑色,嘴甲和鼻孔之间具橘黄色块斑;脚橘黄色。

　　冬候鸟。栖息于开阔水域。性喜集群,常与鸿雁等混群。主要以植物性食物为食,常去栖息地附近的农田觅食。国家"三有"保护鸟类。

（赵凯　摄）

（汪湜　摄）

（赵凯　摄）

白额雁 *Anser albifrons* White-fronted Goose

　　大型游禽。成鸟:嘴粉红色,额具大块白斑,眼周色暗。头及体羽多暗褐色,具浅色羽缘;翼、尾和腰黑色,腹、尾覆羽和尾羽端部白色。虹膜褐色,脚橘黄色。幼鸟额部白斑小或缺失,嘴橘黄色。

　　冬候鸟。栖息于开阔的水域。性喜集群,也与豆雁、鸿雁等混群。主要以植物性食物为食。国家Ⅱ级重点保护鸟类。

（汪湜　摄）

（赵凯　摄）

（赵凯　摄）

小白额雁 *Anser erythropus* Lesser White-fronted Goose

中大型游禽。似白额雁,但体型略小,眼圈黄色,体色更深,嘴和颈较短;成鸟额部白色斑块延伸至头顶。虹膜褐色;嘴粉红色;脚橘黄色。

冬候鸟。栖息于开阔的水域及其附近的农田、沼泽等湿地。性喜集群,常见与白额雁混群。主要以植物的茎、叶和种子为食。国家"三有"保护鸟类。

（袁晓　摄）

（夏家振　摄）

（汪湜　摄）

灰雁 *Anser anser* Greylag Goose

大型游禽。成鸟：头及上体多暗褐色，翼和尾黑褐色，腰侧和尾覆羽白色；下体灰白杂以不规则黑褐色斑纹。嘴橘红色，与豆雁和鸿雁明显不同；额无白斑，以此区别于白额雁和小白额雁。虹膜褐色，眼圈红色；脚橘红色。

冬候鸟。栖息于开阔水域。多小群活动，主要以植物性食物为食。国家"三有"保护鸟类。

（赵凯 摄）

（邢翠华 摄）

赤麻鸭 *Tadorna ferruginea* Ruddy Shelduck

　　中大型游禽。雄鸟:额和头棕白色,体羽多赤褐色,下颈基部有一窄的黑色颈环;初级飞羽和尾羽黑褐色,翼镜辉绿色;腋羽和翼下覆羽白色。雌鸟无黑色领环。虹膜褐色;嘴、脚黑色。

　　冬候鸟。栖息于河流、湖泊、库塘等水域。性喜集群。主要以水生植物的茎、叶等组织为食。国家"三有"保护动物。

（汪湜　摄）

（赵凯　摄）

左雌、右雄　（汪湜　摄）

翘鼻麻鸭 *Tadorna tadorna* Common Shelduck

中等游禽。嘴红色微上翘,头、颈黑色具绿色光泽;体羽多白色,上背至胸有一宽阔的栗色环带,腹中央至尾下覆羽有一宽的黑色纵带;飞羽黑色,翼镜绿色。雄鸟繁殖期上嘴基部具红色肉瘤,雌鸟无。虹膜暗褐色,脚粉红色。

冬候鸟。栖息于开阔的水域。性喜集群,主要以水生动物为食。国家"三有"保护鸟类。

雄鸟 (赵凯 摄)

雌鸟 (赵凯 摄)

(薄顺奇 摄)

棉凫 *Nettapus coromandelianus* Cotton Pygmy Goose

　　小型游禽。雄鸟:额至头顶、颈环以及上体黑色,具金属光泽;翼缘、头侧、颈以及下体白色。雌鸟:无黑色颈环,具黑褐色过眼纹;上体暗棕褐色,下体污白色。虹膜红褐色,嘴黑色,脚黄绿色。

　　夏候鸟。栖息于多水草的水域。成对活动,主要以水生植物为食。营巢于树洞。国家"三有"保护鸟类。

雌鸟 （汪湜 摄）

雄鸟 （夏家振 摄）

左雌、右雄 （汪湜 摄）

鸳鸯 *Aix galericulata* Mandarin Duck

中等游禽。雄鸟色彩艳丽，眉纹白色粗著，枕后具栗色冠羽，翼具可竖立的橙黄色帆状饰羽;两胁棕黄色。嘴红色，虹膜褐色，脚橙黄色。雌鸟:嘴黑色，头及上体灰褐至暗褐色，眼圈及眼后线白色。

冬候鸟。栖息于僻静的山溪、库塘等水域。集群活动。主要以植物组织为食，兼食小型动物。国家Ⅱ级重点保护鸟类。

（赵凯　摄）

雌鸟　（汪湜　摄）

（赵凯　摄）

赤颈鸭 *Anas Penelope* Eurasian Wigeon

中等游禽。雄鸟：额黄色，头、颈赤褐色；上体灰白具暗褐色细纹；翼具大型白斑，翼镜绿色；胸棕褐色，腹部白色；尾覆羽绒黑色，腋下白色。雌鸟：头、颈、胸及两胁棕褐色，上体暗褐色；翼镜灰褐色；腹以下白色。虹膜棕色；嘴蓝灰色，先端黑色；脚铅蓝色。

冬候鸟。栖息于开阔水域。性喜集群，主要以水生植物为食。国家"三有"保护鸟类。

雄鸟 （汪湜 摄）　　　　　雌鸟 （汪湜 摄）

（赵凯 摄）

罗纹鸭 *Anas falcate* Falcated Duck

中等游禽。雄鸟：头顶至后颈栗色，头侧及冠羽铜绿色，前颈基部有一黑色领环；上体浅灰色，密布暗褐色波状细纹；翼镜绿黑色，三级飞羽延长呈镰状；胸黑色密布白色新月形斑，尾下覆羽绒黑色，两侧具乳黄色斑块；腋下白色。雌鸟：体羽多黑褐色而具黄褐色羽缘，形成明显的"V"形斑。虹膜褐色，嘴黑灰色，脚暗灰色。

冬候鸟。栖息于开阔水域。性喜集群，主要以水生植物为食。国家"三有"保护鸟类。

左雄、右雌 （夏家振 摄）

（赵凯 摄）

赤膀鸭 *Anas strepera* Gadwall

雌鸟 （朱英 摄）

中等游禽。雄鸟：嘴黑色，背及两胁暗褐色，具白色波状细纹；两翼灰褐色而具赤褐色斑，翼镜白色；胸暗褐色具新月形白色羽缘，腹部白色；尾覆羽绒黑，腋下白色。雌鸟：嘴侧缘橙黄，体羽暗褐色，具棕白色羽缘。虹膜褐色；腿黄色。

冬候鸟。栖息于开阔水域。集群活动。主要以水生植物为食。国家"三有"保护鸟类。

左上雄鸟 （薄顺奇 摄）

花脸鸭 *Anas formosa* Baikal Teal

中等游禽。雄鸟：头顶黑色，头侧由黄、绿和黑色构成特征性的花斑，肩羽呈柳叶状；胸红棕色具黑褐色点斑，腹部和翼下白色。雌鸟：嘴基具白色圆斑，上体暗褐具红褐色羽缘。虹膜棕褐色，嘴黑色，脚黄色。

冬候鸟。栖息于开阔水域。多小群活动。主要以水生植物为食。国家"三有"保护鸟类；IUCN红色名录低危种（LC）；CITES附录Ⅱ。

（袁晓　摄）

雄鸟　（朱英　摄）

绿翅鸭 *Anas crecca* Green-winged Teal

　　中小型游禽。雄鸟:头颈栗色,头侧有一宽阔的蓝绿色带纹;上背及两胁暗灰具白色虫蠹状细纹;翼镜绿色,上下边缘白色;尾下覆羽黑色,两侧具黄斑。雌鸟:贯眼纹黑色,头颈褐色沾棕,上体黑褐色具浅色羽缘,尾下覆羽和腋羽白色。虹膜棕褐色,嘴黑色,脚黄色。

　　冬候鸟。栖息于开阔的水域。性喜集群。主要以水生植物为食。国家"三有"保护鸟类。

雄鸟　（赵凯　摄）

雌鸟　（杜政荣　摄）

雌鸟　（汪湜　摄）

绿头鸭 *Anas platyrhynchos* Mallard

　　中等游禽。雄鸟:嘴黄绿色,头、颈亮绿色具金属光泽,颈基具白色领环;上体暗灰具白色波状细纹;翼镜紫蓝色;胸栗色,腹部灰白,尾覆羽黑色。雌鸟:上嘴黑色沾黄;上体黑褐色具浅黄褐色"V"形斑;下体棕白具黑褐色斑纹。虹膜暗褐色,脚红色。

　　冬候鸟,少数留鸟。栖息于湖泊、库塘等水域。冬季集群。主要以水生植物为食。国家"三有"保护鸟类。

雄鸟 （赵凯 摄）　　　　　　雌鸟 （赵凯 摄）

（赵凯 摄）

斑嘴鸭 *Anas poecilorhyncha* Spot-billed Duck

（赵凯　摄）

中等游禽。成鸟：嘴黑色具黄色端斑；翼镜蓝色，上下缘具白边；眉纹白色，贯眼纹黑褐色，头侧皮黄色，颊部有一暗褐色条纹；上体黑褐色具浅黄褐色羽缘；下体皮黄密布暗褐色斑纹；尾下覆羽黑色，腋羽和翼下覆羽白色。虹膜棕褐色，脚橘红色。

冬候鸟，部分留鸟。栖息于湖泊、库塘等水域。冬季集群。主要以水生植物为食。国家"三有"保护鸟类。

（汪湜　摄）

针尾鸭 *Anas acuta* Northern Pintail

中等游禽。雄鸟:头颈棕褐色,颈侧有带纹融入白色的下体;肩羽黑色延长呈条状;翼镜铜绿色;尾羽黑色,中央两枚特别延长;尾下覆羽黑色,具乳黄色带斑。雌鸟:头棕褐色,上体黑褐色具浅色羽缘。虹膜褐色,嘴黑色,脚黑色。

冬候鸟。栖息于开阔的水域。性喜集群,主要以水生植物为食。国家"三有"保护鸟类。

（夏家振 摄）

雄鸟 （汪滉 摄）

白眉鸭 *Anas querquedula* Garganey

中等游禽。雄鸟:白色眉纹粗著,头、颈巧克力色,上体暗褐色,肩羽延长,胸栗褐色,胸以下以及腋羽白色。雌鸟:具棕白色眉纹和黑褐色贯眼纹,头、颈褐色沾棕,上体黑褐色具浅色羽缘;翼镜绿色,上下缘白色。虹膜褐色,嘴黑色,脚黑色。

冬候鸟。栖息于开阔的水域。集小群。主要以水生植物为食。国家"三有"保护鸟类。

雄鸟 (夏家振 摄)

雌鸟 (夏家振 摄)

(汪湜 摄)

琵嘴鸭 *Anas clypeata* Northern Shoveler

  中等游禽。上嘴先端扩大呈铲状。雄鸟：嘴黑色；头、颈暗绿色而具金属光泽；胸、上背和外侧肩羽白色，腹和两胁栗褐色；翼镜翠绿色，翼上覆羽蓝灰色，翼下覆羽白色。雌鸟：嘴黄褐色，上体暗褐色具浅色羽缘。虹膜黄色，脚橙红色。

  冬候鸟。栖息于开阔的水域。喜在浅水沼泽地带觅食，主要以软体动物等为食。国家"三有"保护鸟类。

雄鸟 （汪湜 摄）

雌鸟 （赵凯 摄）

（夏家振 摄）

红头潜鸭 *Aythya ferina* Common Pochard

中等游禽。雄鸟：头、上颈栗红色；颈基、胸部、腰至尾覆羽黑色；背、腹、两胁灰白色杂以波状细纹；翼下覆羽白色。雌鸟：头、颈、胸棕褐色，上体暗褐色，翼镜灰白。虹膜红色；嘴黑色，中间部分蓝灰色；脚灰褐色。

冬候鸟。栖息于开阔水域。性喜集群，善于潜水。主要以水生植物为食。国家"三有"保护鸟类；IUCN红色名录易危种（VU）。

雄鸟 （汪湜 摄）

雌鸟 （赵凯 摄）

（赵凯 摄）

青头潜鸭 *Aythya baeri* Baer's Pochard

　　中等游禽。雄鸟:虹膜白色,头、颈暗绿色具金属光泽,上体黑褐色;翼镜白色;胸部栗色,两胁棕褐色;腹及翼下覆羽白色。雌鸟:虹膜褐色,头、颈、胸以及两胁栗褐色,嘴基有栗红色斑。嘴深灰色,端部黑色;脚铅灰色。

　　冬候鸟。栖息于开阔的湖泊等湿地。多小群活动。杂食性,主要以水生植物为食。国家"三有"保护鸟类;IUCN红色名录极危种(CR)。

雄鸟 (武明录 摄)

雄鸟 (武明录 摄)

左雌、右雄 (夏家振 摄)

白眼潜鸭 *Aythya nyroca* Ferruginous Duck

　　中等游禽。雄鸟：虹膜白色。头、颈、胸以及两胁栗色，颈基具黑色领环，上体黑褐色，翼镜白色，腹部以及翼下白色。雌鸟虹膜灰褐色，体羽栗色部分较暗。嘴蓝灰色，脚灰褐色。

　　冬候鸟。栖息于开阔的水域或沼泽地。成对或小群活动。主要以水生植物为食。国家"三有"保护鸟类；IUCN红色名录近危（NT）。

左雌、右雄 （夏家振　摄）

（夏家振　摄）

（夏家振　摄）

凤头潜鸭 *Aythya fuligula* Tufted Duck

中等游禽。雄鸟:头、颈以及羽冠紫黑色,上体黑褐色,翼镜白色;胸和尾下覆羽黑色,下体余部以及翼下覆羽白色。雌鸟:额基具浅色斑块;头、颈、胸棕褐色,两胁浅棕色,上体暗褐色。虹膜黄色,嘴铅灰色,脚灰褐色。

冬候鸟。栖息于开阔水域。性喜集群。主要以水生动物为食。国家"三有"保护鸟类。

雌鸟 (夏家振 摄)

中间雄鸟 (夏家振 摄)

斑背潜鸭 *Aythya marila* Greater Scaup

　　中等游禽。雄鸟：头、颈黑色具金属光泽；背白色杂以黑色波浪状细纹；翼镜白色；胸和尾下覆羽黑色，下体余部以及翼下覆羽白色。雌鸟：嘴基具白色块斑，头、颈、胸棕褐色，两胁浅棕褐色；上体暗褐色，翼镜白色。虹膜黄色，嘴和脚铅灰色。

　　冬候鸟。栖息于开阔水域。性喜集群，善潜水觅食，主要以水生动物为食。国家"三有"保护鸟类。

雌鸟（朱英　摄）

（袁晓　摄）

（袁晓　摄）

斑头秋沙鸭 *Mergellus albellus* Smew

中等游禽。雄鸟繁殖羽:眼先和眼周黑色,头、颈以及下体白色,枕部两侧有黑色带纹;上体多黑色,肩羽以及部分翼覆羽白色,两胁具褐色波状细纹。雌鸟:头顶至后颈栗色;上体及两胁暗褐色,颈侧以及下体白色。虹膜褐色,嘴黑色,脚黑褐色。

冬候鸟。栖息于开阔水域。集群活动,主要以鱼类等水生动物为食。国家"三有"保护鸟类。

雄鸟 (张忠东 摄)

(袁晓 摄)

普通秋沙鸭 *Mergus merganser* Common Merganser

　　中等游禽。雄鸟:头、上颈黑色具金属光泽;上体黑褐色,肩羽、部分飞羽翼覆羽白色;下颈、下体以及翼下覆羽白色。雌鸟:头、上颈栗色,下颈及下体灰白色,翼镜白色。虹膜褐色;嘴红色细长,端部呈钩状;脚红色。

　　冬候鸟。栖息于开阔水域。集群活动,主要以鱼类等水生动物为食。国家"三有"保护鸟类。

雌鸟 (杜政荣 摄)

雄鸟 (赵凯 摄)

(杜政荣 摄)

中华秋沙鸭 *Mergus squamatus* Chinese Merganser

中等游禽。似普通秋沙鸭,但本种后头具较长的簇状冠羽,体侧具黑白相间的鳞状斑纹。虹膜褐色;嘴细窄,橘红色;脚橘红色。

冬候鸟。栖息于僻静的山溪、河谷、库塘等水域。小群活动。主要以山溪鱼类等水生动物为食。国家一级重点保护鸟类。

雄鸟 (汪湜 摄)

雌鸟 (夏家振 摄)

(汪湜 摄)

鸊鷉目 Podicipediformes

鸊鷉科 Podicipedidae

小鸊鷉 *Tachybaptus ruficollis*；Little Grebe

　　小型游禽。成鸟繁殖羽头侧和颈侧红褐色,嘴角具乳黄色斑。非繁殖期消失。虹膜浅黄色;嘴、脚黑色,趾间具瓣蹼。幼鸟嘴粉红色,头具白色条纹。

　　留鸟。栖息于多水草的湖泊、池塘等水域。遇惊扰即潜入水下或隐匿于水草间。主要以鱼、虾为食。国家"三有"保护鸟类。

冬羽（赵凯 摄）

幼鸟（杜政荣 摄）

亲鸟与雏鸟（汪湜 摄）

凤头䴙䴘 *Podiceps cristatus*；Great Crested Grebe

中等游禽。雌雄体色相似，成鸟头顶具黑色冠羽，颈修长。繁殖期具斗篷状红褐色和黑色饰羽。冬季消失，头侧和颈侧白色。虹膜橙红色；嘴暗红色。幼鸟嘴粉色，头具黑白相间条纹。

留鸟，栖息于较为开阔的水域。单独或小群活动。主食鱼、虾，兼食部分水生植物。国家"三有"保护鸟类。

冬羽 （赵凯 摄）

亲鸟与雏鸟 （汪湜 摄）

鸽形目 Columbiformes

鸠鸽科 Columbidae

山斑鸠 *Streptopelia orientalis* Oriental Turtle Dove

（汪湜 摄）

小型陆禽。颈侧具黑色和浅灰色相间的斑纹。成鸟：头及上体灰棕色；上体体羽多黑褐色具红褐色羽缘，形成扇贝形斑纹；腰蓝灰色，尾羽具白色端斑。虹膜红色；嘴铅蓝色；脚红色。幼鸟似成鸟，但颈侧斑纹不显。

留鸟。广泛分布于各种有林区域。主要以谷类等植物种子为食，兼食昆虫。国家"三有"保护鸟类。

（汪湜 摄）

火斑鸠 *Streptopelia tranquebarica* Red Turtle Dove

　　小型陆禽。后颈基部具黑色颈环。雄鸟：头、颈蓝灰色；体羽多葡萄红色；腰、两胁和翼下覆羽亦为蓝灰色；尾下覆羽白色。雌鸟体羽多灰褐色，颈环上下缘浅灰色。虹膜暗褐色；嘴黑色；脚红色。

　　夏候鸟。栖息于丘陵和开阔的平原地带。主要以植物浆果、种子和果实为食，兼食昆虫。国家"三有"保护鸟类。

雌鸟 （赵凯 摄）

雄鸟 （赵凯 摄）

（赵凯 摄）

珠颈斑鸠 *Streptopelia chinensis* Spotted Dove

　　小型陆禽。后颈基部黑色满布白色斑点。成鸟:头顶蓝灰色,颈部以及下体葡萄红色;上体灰褐色;尾羽黑褐色,外侧尾羽具白色端斑。虹膜黄色;嘴黑色;脚红色。幼鸟后颈基部无斑或不完全。

　　留鸟。栖息于低山丘陵以及平原地区的各种有林生境。主要以植物种子、昆虫等为食。国家"三有"保护鸟类。

（赵凯　摄）

（幼鸟）（赵凯　摄）

（吴海龙　摄）

夜鹰目 aprimulgiformes

夜鹰科 Caprimulgidae

普通夜鹰 *Caprimulgus indicus* Indian Jungle Nightjar

小型攀禽。体羽多灰褐色具蠹状细纹，上体散布绒黑色和锈色斑纹；喉具大块白斑，胸以下棕黄色具黑褐色横纹。虹膜蓝色；嘴黑色，口裂大；脚暗褐色。

夏候鸟。栖息于山地、丘陵地区的林缘。夜行性，白天蹲伏在草地或贴着树干休息。善于在空中飞行捕食昆虫。国家"三有"保护鸟类。

（胡云程　摄）

雨燕科 Apodidae

（夏家振　摄）

白喉针尾雨燕 *Hirundapus caudacutus*
White-throated Needletail

　　小型攀禽。成鸟：翅狭长，尾羽羽轴坚硬，末端延长呈针状；头、后颈以及两翼黑褐色，具蓝绿色金属光泽；背中央银白色，腰黑色；颏、喉和尾下覆羽纯白色，下体余部棕褐色。虹膜褐色；嘴、脚黑色。

　　旅鸟。栖于山地林缘的开阔地带。喜集群飞行捕食昆虫。主要以昆虫为食。国家"三有"保护鸟类。

（朱英　摄）

白腰雨燕 *Apus pacificus* Fork-tailed Swift

　　小型攀禽。成鸟：体羽多黑褐色，胸、腹具灰白色羽缘，形成呈鳞状斑纹；腰白色，呈马鞍形；尾深叉。虹膜褐色；嘴、脚黑色。

　　夏候鸟。栖息于山地多崖地带。喜结群在多雨雾的高空飞行捕食昆虫，因此得名"雨燕"。国家"三有"保护鸟类。

（薄顺奇　摄）

小白腰雨燕 *Apus nipalensis* House Swift

　　小型攀禽。翅狭长，似白腰雨燕，但尾叉浅，腰部白色区域宽阔。

　　夏候鸟。栖息于山地林缘开阔地带。喜结群活动，飞行捕食昆虫。营巢于悬崖、石壁上的洞穴以及屋檐下。国家"三有"保护鸟类。

鹃形目 Cuculiformes

杜鹃科 Cuculidae

红翅凤头鹃 *Clamator coromandus* Chestnut-winged Cuckoo

中等攀禽。成鸟：头、羽冠以及后颈黑色具金属光泽，后颈具白色半领环；上体黑色具蓝绿金属光泽，两翼栗红色；尾凸形，长而黑；胸橙色，尾下覆羽黑色，翼下覆羽橙色。虹膜红褐色；嘴黑色弓形；脚黑色。

夏候鸟。栖息于矮林和灌木林中。主要以昆虫为食。国家"三有"保护鸟类；安徽省一级保护鸟类。

（汪湜　摄）

（汪湜　摄）

鹰鹃 *Cuculus sparverioides* Large Hawk Cuckoo

中等攀禽。成鸟:头、颈暗石板灰色,上体暗褐色;尾灰褐色具宽阔的黑色次端斑,先端白色;下体白色,喉部具棕褐色纵纹,胸、腹具褐色横斑。眼圈黄色,虹膜黄色;嘴黑色;脚黄色。幼鸟上体暗褐色具棕色羽缘;下体具黑褐色纵纹或点斑。

夏候鸟。栖息于山地、丘陵地区林缘。常隐蔽于茂密的大树上层鸣叫。主要以昆虫及其幼虫为食。国家"三有"保护鸟类;安徽省一级保护鸟类。

（夏家振 摄）

（夏家振 摄）

义亲育雏 （夏家振 摄）

四声杜鹃 *Cuculus micropterus* Indian Cuckoo

中等攀禽。雄鸟：头、颈暗灰色，上体暗褐色；尾羽灰褐色，具宽阔的黑色次端斑和狭窄的白色端斑；胸浅灰色，胸以下白色具宽阔的黑色横纹。雌鸟胸灰色沾棕。眼圈黄色，虹膜红褐色；嘴黑色；脚黄色。幼鸟上体具白色羽缘。

夏候鸟。栖息于树冠的叶丛中。叫声为4音节"布谷，布谷"。主要以昆虫为食。国家"三有"保护鸟类；安徽省一级保护鸟类。

（夏家振　摄）

（夏家振　摄）

大杜鹃 *Cuculus canorus* Common Cuckoo

　　中等攀禽。与四声杜鹃相似,但本种虹膜黄色,尾羽无黑色次端斑。叫声悠扬,为重复的2音节"布谷……"灰色型雌鸟似雄鸟,棕色型雌鸟:体羽棕褐色具黑褐色横纹。虹膜及眼圈黄色;嘴黑褐色;脚黄色。幼鸟上体暗褐色,杂以红褐色斑纹和白色羽缘。

　　夏候鸟。栖息于开阔的有林地带。国家"三有"保护鸟类;安徽省一级保护鸟类。

幼鸟　(程东升　摄)

(赵凯　摄)

(杜政荣　摄)

噪鹃 *Eudynamys scolopaceus* Common Koel

　　中等攀禽。叫声为重复的两音节"苦哦……"雄鸟:通体黑色且具金属光泽。雌鸟:头及上体暗褐色密布白色斑点,胸呈黑白相间的斑点,胸以下为黑白相间的横纹。虹膜红色;嘴黄色;脚灰绿色。幼鸟上体黑褐色具红褐色羽缘。

　　夏候鸟。栖息于山地、丘陵地区高大乔木上。主要以植物果实为食,兼食昆虫。国家"三有"保护鸟类;安徽省一级保护鸟类。

雌鸟　(钱来贵　摄)

雄鸟　(赵凯　摄)

义亲育雏　(夏家振　摄)

褐翅鸦鹃 *Centropus sinensis* Common Coucal

中等攀禽。成鸟:肩和两翼纯栗色,其余体羽黑色而具金属光泽,翼下覆羽亦为黑色。虹膜红色;嘴黑色弓形;脚黑色。叫声低沉,为一连串的"补——补——补……"幼鸟两翼红褐色具黑褐色横斑。

夏候鸟。栖息于低山、丘陵的林缘灌丛以及平原地区的芦苇丛。主要以昆虫、蛙等小型动物为食。国家Ⅱ级重点保护鸟类。

（汪湜　摄）

（刘子祥　摄）

（吴海龙　摄）

小鸦鹃 *Centropus bengalensis* Lesser Coucal

中等攀禽。似褐翅鸦鹃,但本种上体具明显的白色羽干纹,翼下覆羽为栗色而非黑色,嘴型略短小。此外,叫声明显不同,"咯咚——咯",重复几次,继以"咚——咚——咚——咚……"音速越来越快,音调越来越低。虹膜红褐色;嘴黑色;脚灰褐色。

夏候鸟。栖息于丘陵、平原地区的矮树丛或灌木丛。主要以昆虫、蛙类等小型动物为食。国家Ⅱ级重点保护鸟类。

（杜政荣　摄）

幼鸟　（夏家振　摄）

（夏家振　摄）

鹤形目 Gruiformes

秧鸡科 Rallidae

灰胸秧鸡 *Gallirallus striatus* Slaty-breasted Banded Rail

（夏家振　摄）

中小型涉禽。成鸟：头顶至后颈栗褐色；上体和两胁暗褐色，具白色波状细纹；头侧、颈侧、胸蓝灰色，颏、喉以及下体余部灰白色。虹膜、嘴红褐色；脚灰褐色。

留鸟。栖息于湿地中的草丛或灌丛中。主要以小型水生动物为食。国家"三有"保护鸟类。

普通秧鸡 *Rallus aquaticus* Water Rail

中小型涉禽。雌雄羽色相似。成鸟：头顶至后颈黑褐色，头侧蓝灰色；上体橄榄褐色具黑褐色纵纹；下体多蓝灰色，两胁及尾下覆羽黑、白相间。虹膜红褐色；嘴橘红色，嘴峰黑色；脚暗红色。

冬候鸟。栖息于湿地附近的草丛或灌丛。杂食性。国家"三有"保护鸟类。

（夏家振　摄）

红脚苦恶鸟 *Amaurornis akool* Brown Crake

中小型涉禽。成鸟:头及上体橄榄褐色,头侧、颈侧以及下体多蓝灰色。虹膜红褐色;嘴黑褐色,下嘴基部黄绿色;腿红色。幼鸟:上体暗灰褐色,下体蓝灰沾黑。雏鸟黑色。

留鸟。栖息于低山、丘陵以及平原地带的多种湿地。杂食性,主要以小型脊椎动物为食。国家"三有"保护鸟类。

(杜政荣 摄)

亲鸟与雏鸟 （汪湜 摄）

白胸苦恶鸟 *Amaurornis phoenicurus* White-breasted Waterhen

　　中小型涉禽。成鸟：头顶至上背暗石板灰色；尾上覆羽棕褐色；额、头侧以及下体大部纯白色，腹以下红棕色。虹膜红褐色；嘴黄绿色；脚黄色。

　　夏候鸟。栖息于水生植物丰茂的湿地。杂食性，主要以小型动物为食。国家"三有"保护鸟类。

（汪湜　摄）

（杜政荣　摄）

（夏家振　摄）

小田鸡 *Porzana pusilla* Baillon's Crake

小型涉禽。成鸟：眉纹、头侧、颈侧、胸蓝灰色，贯眼纹棕褐色；头及上体橄榄黄褐色，具黑褐色和白色斑点；下体腹以下黑褐色，具白色横纹。虹膜红褐色；嘴黄绿色；脚黄绿色。幼鸟：体羽多橄榄褐色，少蓝灰色。

旅鸟。栖息于富有水生植被的湿地。杂食性，主要以小型动物为食。国家"三有"保护鸟类。

（胡卫宁　摄）

红胸田鸡 *Porzana fusca* Ruddy-breasted Crake

（夏家振　摄）

小型涉禽。成鸟：前头、头侧以及胸和腹栗红色，其余体羽橄榄褐色，尾下覆羽具白色横纹。虹膜红色；嘴黑褐色；脚橘红色。

夏候鸟。栖息于多水草的湿地附近。单独或成对活动。杂食性，主要以小型为食。国家"三有"保护动物。

董鸡 *Gallicrex cinerea* Watercock

雌鸟（钱斌 摄）

中等涉禽。雄鸟：额甲红色，头、颈、下体黑色；上体褐色沾棕。雌鸟以及雄鸟非繁殖羽：额甲不显，体羽暗褐色具宽阔的黄褐色羽缘；头侧、颈侧以及下体黄色，具暗褐色斑纹。虹膜黄褐色；嘴黄色；脚绿色。

夏候鸟。栖息富有水生植物的湿地。单独或成对活动。杂食性，主要以小型动物为食。国家"三有"保护鸟类。

雄鸟（夏家振 摄）

黑水鸡 *Gallinula chloropus* Common Moorhen

　　中等涉禽。成鸟：额甲鲜红色，头、颈以及下体黑灰色，上体橄榄褐色；两胁具白色条纹，尾下覆羽两侧纯白。虹膜红褐色；嘴基部红色，端部黄色；腿绿色。幼鸟：无红色额甲，体羽灰褐色。

　　留鸟。栖息于水草丰富的水域。受惊时常将尾竖起，露出白色的尾下覆羽。食性杂。国家"三有"保护鸟类。

幼鸟 （吴海龙　摄）

（杜政荣　摄）

亲鸟与雏鸟 （赵凯　摄）

白骨顶 *Fulica atra* Common Coot

　　中等游禽。成鸟:额甲白色,嘴白色沾红;通体黑色。虹膜红褐色;脚浅绿色,趾间具瓣蹼。

　　冬候鸟。栖息于开阔的河流、湖泊等水域。集群活动。杂食性,主要以鱼、虾等水生动物为食。国家"三有"保护鸟类。

（汪湜　摄）

（赵凯　摄）

（夏家振　摄）

鹤科 Gruidae

白鹤 *Grus leucogeranus* Siberian Crane

　　大型涉禽。成鸟:眼周裸皮朱红色;体羽白色,仅两翼外侧飞羽黑色,飞翔时十分醒目。虹膜浅黄色;嘴赭红色;脚和趾暗红色。幼鸟:头及上体棕黄色,初级飞羽黑色。

　　冬候鸟。栖息于开阔的浅水区域或沼泽地。小群活动,主要以苦草、苔草等植物为食。国家I级重点保护鸟类;IUCN(CR);CITES附录I。

（夏家振　摄）

（夏家振　摄）

（夏家振　摄）

白枕鹤 *Grus vipio* White-naped Crane

　　大型涉禽。成鸟：眼周露皮红色，头顶、后颈白色；体羽暗石板灰色，在颈侧形成带状斑纹；外侧飞羽黑褐色，三级飞羽灰色延长成弓形。虹膜黄色；嘴黄色；脚和趾红色。幼鸟：头部灰褐至黑褐色。

　　冬候鸟。栖息于开阔的浅水区或沼泽地。成小群活动，杂食性，主要以植物为食。国家Ⅱ级重点保护鸟类；IUCN（VU）；CITES附录Ⅰ。

（汪湜　摄）

（汪湜　摄）

（汪湜　摄）

灰鹤 *Grus grus* Common Crane

　　大型涉禽。成鸟：头、颈黑色，头顶裸出部分红色，自眼后有一白色带纹延伸至上背；飞羽和尾羽黑色，三级飞羽灰色延长成弓状；其余体羽多灰色。虹膜黄色；嘴黄色；脚和趾黑褐色。幼鸟：顶冠被羽，体羽灰色沾棕。

　　冬候鸟。栖息于开阔的浅水区域和沼泽湿地。成小群活动。杂食性，主要以植物性食物为食。国家Ⅱ级重点保护鸟类；CITES附录Ⅰ。

（赵凯　摄）

（汪湜　摄）

白头鹤 *Grus monacha* Hooded Crane

　　大型涉禽。成鸟：头、颈白色，前头裸皮朱红色；体羽深灰色，飞羽黑褐色，内侧飞羽延长成弓状。虹膜红褐色；嘴黄绿色；脚灰黑色。幼鸟：头、颈棕黄色，嘴粉红色。

　　冬候鸟。栖息于开阔的浅水滩头以及沼泽地。多以小群活动。杂食性。国家Ⅰ级重点保护鸟类；IUCN(VU)；CITES附录Ⅰ。

（赵凯　摄）

（汪湜　摄）

（汪湜　摄）

鸻形目 Charadriiformes

反嘴鹬科 Recurvirostridae

黑翅长脚鹬 *Himantopus himantopus* Black-winged Stilt

中等涉禽。雄鸟:嘴黑色细长,腿粉色修长;头侧以及下体白色,头顶具黑色斑纹;上体黑色具金属光泽具蓝绿色金属光泽。雌鸟似雄鸟,但上体棕褐色具金属光泽。幼鸟:上体褐色,具浅色羽缘。

冬候鸟,少数留鸟。栖息于开阔的浅水滩头以及沼泽地带。冬季集群,主要以水生动物为食。国家"三有"保护鸟类。

雌鸟 (赵凯 摄)

雄鸟 (赵凯 摄)

幼鸟 (赵凯 摄)

(韩贵严 摄)

反嘴鹬 *Recurvirostra avosetta* Pied Avocet

中等涉禽。成鸟：嘴黑色，细长而上翘；头顶至后颈黑色，上体仅肩羽和初级飞羽黑色，余部白色，下体纯白。虹膜褐色；脚绿灰色。幼鸟似成鸟，体羽黑色部分为暗褐色所替代。

冬候鸟。栖息于开阔水域的浅水区或沼泽地带。冬季集群。主要以小型水生脊椎动物为食。国家"三有"保护鸟类。

（程东升　摄）

（汪湜　摄）

（赵凯　摄）

鸻科 Charadriidae

凤头麦鸡 *Vanellus vanellus* Northern Lapwing

中小型涉禽。成鸟：头顶黑色，冠羽长而向上反曲；头侧皮黄，眼后具黑色条纹；上体辉绿具金属光泽；尾黑色，尾上覆羽白色；翼黑色，外侧飞羽白色；胸黑色，尾下覆羽浅棕色，下体余部白色。虹膜暗褐色；嘴黑褐色；脚暗红色。

冬候鸟。栖息于开阔的湿地。性喜集群，主要以小型脊椎动物为食。国家"三有"保护鸟类。

（赵凯 摄）

（赵凯 摄）

（赵凯 摄）

灰头麦鸡 *Vanellus cinereus* Grey-headed Lapwing

　　中等涉禽。成鸟:头、颈、胸灰色,上体褐色,初级飞羽黑色,次级飞羽、腰至尾羽基部白色;胸、腹之间具黑色带斑,胸以下白色。虹膜红褐色;嘴黄色,端部黑色;脚黄色。幼鸟无黑色胸带,上体具浅色羽缘。

　　夏候鸟。栖息于湿地附近的开阔地。成对或小群活动。主要以无脊椎动物为食。国家"三有"保护鸟类。

（汪湜　摄）

（赵凯　摄）

亲鸟与雏鸟 （汪湜　摄）

金鸻 *Pluvialis fulva* Pacific Golden Plover

　　中小型涉禽。成鸟繁殖羽：头及上体黑褐色，满布金黄色斑点；下体黑色无斑；自眼先至体侧有一明显的"S"形白色条纹，带将上体和下体分开。虹膜暗褐色；嘴黑色；脚黑褐色，无后趾。幼鸟体侧无白色带斑。

　　旅鸟。栖息于浅水滩涂或沼泽湿地。单独或小群活动，主要以小型动物为食。国家"三有"保护鸟类。

（赵凯　摄）

（汪湜　摄）

夏羽　（赵凯　摄）

灰鸻 *Pluvialis squatarola* Grey Plover

　　小型涉禽。成鸟繁殖羽：体侧具"S"形白色带纹，脸及下体胸以上黑色；头及上体黑褐色，杂以白色斑纹；腹以下白色。非繁殖羽：体侧白色带纹和下体黑色消失。虹膜暗褐色；嘴黑色；腿暗褐色。

　　旅鸟。栖息于水域滩头或沼泽地带。集群活动，主要以水生动物为食。国家"三有"保护鸟类。

（赵凯　摄）

（胡卫宁　摄）

过渡羽　（胡卫宁　摄）

金眶鸻 *Charadrius dubius* Little Ringed Plover

　　小型涉禽。眼圈黄色,颈环白色,胸带黑色完整。成鸟繁殖羽:额白色,其上方有一宽的黑色带纹和细的白色线条;头顶和上体灰褐色,下体白色。非繁殖羽:额棕褐色,胸带暗褐色。虹膜暗褐色;嘴黑褐色;脚橙黄色。幼鸟上体具浅色羽缘。

　　夏候鸟。栖息于水域滩头等湿地。主要以昆虫等动物为食。国家"三有"保护鸟类。

幼鸟 (夏家振 摄)　　　　　　　　　　　(赵凯 摄)

(汪湜 摄)

环颈鸻 *Charadrius alexandrinus* Kentish Plover

　　小型涉禽。似金眶鸻,但无黄色眼圈,黑色胸带不完整;头顶及后颈棕褐色,上体褐色沾棕。冬羽:繁殖期中的黑色部分为灰褐色所替代。虹膜暗褐色;嘴黑色;脚黑褐色。幼鸟上体具浅色羽缘。

　　冬候鸟,少数留鸟。栖息于水域滩头等湿地。冬季集群。主要以昆虫等动物为食。国家"三有"保护鸟类。

冬羽 （夏家振　摄）

（夏家振　摄）

（汪湜　摄）

长嘴剑鸻 *Charadrius placidus* Long-billed Ringed Plover

　　与金眶鸻和环颈鸻相似的小型涉禽。与环颈鸻的区别在于黑色胸带完整，与金眶鸻的区别是眼圈非黄色。虹膜暗褐色；嘴黑色，下嘴基部黄色；脚黄褐色。

　　留鸟。栖息于河流、湖泊等水域的滩头等湿地。主要以昆虫等动物为食。国家"三有"保护鸟类。

（赵凯　摄）

（赵凯　摄）

（汪湜　摄）

铁嘴沙鸻 *Charadrius leschenaultia* Greater Sand Plover

　　小型涉禽。成鸟繁殖羽：胸带、后颈以及前头红褐色；额基部与贯眼纹黑色，额基中央具白斑；上体褐色，下体胸以下白色。非繁殖羽：红褐色变为灰褐色，胸带不完整。虹膜暗褐色；嘴黑色，较蒙古沙鸻长，相当于嘴基至眼后缘；脚绿灰色。

　　旅鸟。栖息于水域、滩头等湿地。性喜集群，常与蒙古沙鸻混群。主要以小型水生动物为食。国家"三有"保护鸟类。

夏羽　（夏家振　摄）　　　　　　　　冬羽　（夏家振　摄）

蒙古沙鸻 *Charadrius mongolus* Lesser Sand Plover

　　小型涉禽。似铁嘴沙鸻，但嘴相对较短，约与眼先等长；红褐色胸带更宽，延伸至体侧。冬羽：上体灰褐色，不完整的胸带亦为灰褐色。虹膜暗褐色；嘴黑色；脚绿灰色。

　　旅鸟。栖息于滩头、沼泽等湿地。常与铁嘴沙鸻混群。主要以小型水生动物为食。国家"三有"保护鸟类。

冬羽　（夏家振　摄）　　　　　　　　夏羽　（夏家振　摄）

东方鸻 *Charadrius veredus* Oriental Plover

　　小型涉禽。雄鸟夏羽:胸部橙红色,下缘黑色;眉纹、头侧和颈白色,上体灰褐色,胸以下白色。雌鸟:胸部灰棕色,无黑色带纹。头及上体灰褐色。虹膜暗褐色;嘴黑色;脚黄色。

　　旅鸟,少数在本地繁殖。栖息于河流等水域附近的开阔地。性喜集群。主要以昆虫动物为食。国家"三有"保护鸟类。

雌鸟 （夏家振 摄）

雄鸟 （薛辉 摄）

（袁继明 摄）

彩鹬科 Rostratulidae

彩鹬 *Rostratula benghalensis* Greater Painted Snipe

　　小型涉禽。雄鸟：眼圈及眼后眉纹皮黄；头、颈、胸以及上体多灰黄具杂斑，肩部具白色带纹，胸以下白色。雌鸟：眉纹白色，头侧、颈和胸红棕色，上体灰绿杂以黑褐色虫蠹状斑；胸以下白色。虹膜褐色；嘴橙黄色；脚黄绿色。幼鸟似雄鸟。

　　夏候鸟。栖息于隐秘的库塘、沟渠等湿地。主要以小型脊椎动物为食。国家"三有"保护鸟类。

雄鸟（汪湜　摄）

雌鸟（赵凯　摄）

雄鸟与幼鸟（汪湜　摄）

水雉科 Jacanidae

水雉 *Hydrophasianus chirurgus* Pheasant-tailed Jacana

　　中等涉禽。成鸟夏羽：头、头侧至前颈白色，后颈金黄色；体羽大部棕褐色；尾羽和尾上覆羽黑色，中间尾羽特别延长；两翼白色，外侧飞羽黑褐色。虹膜黄褐色，嘴黑灰色，脚铅灰色。幼鸟：头及上体黄褐色，下体白色。

　　夏候鸟。栖息于水生植物丰茂的湖泊、池塘等水域。杂食性，兼食水生动植物。国家"三有"保护鸟类。

幼鸟（汪湜　摄）

（赵凯　摄）

（汪湜　摄）

鹬科 Scolopacidae

丘鹬 *Scolopax rusticola* Eurasian Woodcock

（袁晓　摄）

中等涉禽。形似沙锥。成鸟：头顶和后颈具4条宽阔的黑褐色横斑；上体赤褐色，杂以黑色或灰褐色斑纹；颏、喉灰白色，下体余部灰棕具黑褐色横纹。虹膜暗褐色；嘴基粉色，端部黑褐色；脚黄色。

冬候鸟。栖息于林间沼泽地带和林缘灌丛。杂食性，主要以小型无脊椎动物为食。国家"三有"保护鸟类。

救护（程东升　摄）

针尾沙锥 *Gallinago stenura* Pintail Snipe

　　小型涉禽。野外易与大沙锥和扇尾沙锥混淆。三者相似特征：嘴长，过眼纹黑色，眉纹和顶冠纹皮黄；肩羽羽缘宽，形成四条黄白色纵纹；胸部土黄色具褐色纵纹，两胁为横纹。

　　本种外侧尾羽呈针状；嘴长约为头长的1.5倍，嘴基部相对较粗，往端部逐渐变细，略呈锥形；次级飞羽羽缘无白色，翼下覆羽密布褐色横纹；受惊逃逸时，飞行轨迹呈"Z"字形。

（夏家振　摄）

　　旅鸟。栖息于浅水滩头、沼泽地等湿地。单独或成小群活动。以长嘴从泥沙中获取小型无脊椎动物。国家"三有"保护鸟类。

大沙锥 *Gallinago megala* Swinhoe's Snipe

　　本种外侧尾羽略微变窄，宽度介于针尾沙锥和扇尾沙锥之间；嘴长约为头长的1.5倍；次级飞羽羽缘无白色，翼下覆羽密布褐色横纹；受惊逃逸时，飞行轨迹呈直线而非"Z"字形。

　　旅鸟。栖息于浅水滩头、沼泽地等湿地。单独或成小群活动。以长嘴从泥沙中获取小型无脊椎动物。国家"三有"保护鸟类。

（汪湜　摄）

扇尾沙锥 *Gallinago gallinago* Common Snipe

　　本种尾羽宽度正常，嘴长约为头长的两倍，从基部到端部粗细变化不大；次级飞羽羽缘白色，翼下覆羽具宽的白色斑纹；受惊逃逸时，飞行轨迹呈"Z"字形。

　　冬候鸟。栖息于浅水滩头、沼泽地等湿地。单独或成小群活动。以长嘴从泥沙中获取小型无脊椎动物。国家"三有"保护鸟类。

（夏家振　摄）

黑尾塍鹬 *Limosa limosa* Black-tailed Godwit

　　中等涉禽。成鸟繁殖羽：头、颈和胸红褐色，上体黑褐色具红褐色和白色羽缘；尾上覆羽纯白色；翼灰褐至黑褐色，具白色翅斑；胸以下白色具红褐色和黑色斑纹。非繁殖羽：红褐色消失。虹膜褐色；嘴长而直，基部红或黄色，端部黑色；脚黑褐色。

　　旅鸟。栖息于浅水滩头等湿地。小群活动。主要以小型水生动物为食。国家"三有"保护鸟类。

夏羽 （赵凯 摄）

（赵凯 摄）

（夏家振 摄）

斑尾塍鹬 *Limosa lapponica* Bar-tailed Godwit

　　中等涉禽。似黑尾塍鹬。但嘴细长而明显上翘;尾上覆羽白色,具褐色斑纹。繁殖期头侧以及下体全为棕栗色,非繁殖羽头、颈、上体以及胸灰褐色。虹膜暗褐色;嘴基部红色,端部黑色;脚黑色。

　　旅鸟。栖息于浅水滩头湿地。主要以甲壳类等动物为食。国家"三有"保护鸟类。

（夏家振　摄）

（夏家振　摄）

（赵凯　摄）

鹤鹬 *Tringa erythropus* Spotted Redshank

中小型涉禽。嘴细长黑色,下嘴基部红色,端部微下弯。成鸟繁殖羽:体羽黑色杂以白斑。腰、两胁以及翼下覆羽白色。非繁殖羽:上体灰褐至暗褐色,下体近白色。虹膜暗褐色;脚红色。

冬候鸟。栖息于浅水滩头、沼泽、农田等湿地。单独或成小群活动。主要以小型水生动物为食。国家"三有"保护鸟类。

冬羽 (夏家振 摄)

夏羽 (夏家振 摄)

(赵凯 摄)

红脚鹬 *Tringa tetanus* Common Redshank

小型涉禽。非繁殖羽似鹤鹬，但本种嘴粗短，上下嘴基部均红色，端部不下弯。繁殖期：上体灰褐色，具黑色枫叶状斑纹；下体白色具黑色纵纹。

旅鸟。栖息于浅水滩头以及沼泽等湿地。单独或小群活动，主要以小型水生动物为食。国家"三有"保护鸟类。

（赵凯　摄）

（赵凯　摄）

泽鹬 *Tringa stagnatilis* Marsh Sandpiper

小型涉禽。嘴黑色，细长而直。成鸟繁殖羽：头、颈灰白具黑褐色纵纹；上体浅黄褐色，具黑色枫叶状斑纹；腰以及翼下覆羽白色；下体白色具黑色斑点。冬羽：上体灰褐色，颈侧以及下体白色。虹膜褐色；脚黄绿色。

旅鸟。栖息于浅水滩头以及沼泽等湿地。主要以小型水生动物为食。国家"三有"保护鸟类。

（赵凯　摄）

（赵凯　摄）

贵池鸟类各论

青脚鹬 *Tringa nebularia* Common Greenshank

中小型涉禽。嘴粗,微上翘,基部浅灰色,端部黑色。成鸟繁殖羽:头、颈灰白密布黑色细纹;上体灰褐具黑色斑纹和白色羽缘;背中央至尾上覆羽纯白;胸侧具黑色斑纹。非繁殖羽:上体灰褐色具浅色羽缘;下体白色。虹膜褐色;脚黄绿。

冬候鸟。栖息于浅水滩头等湿地。主要以小型水生动物为食。国家"三有"保护鸟类。

（赵凯 摄）

（汪湜 摄）

林鹬 *Tringa glareola* Wood Sandpiper

小型涉禽。成鸟:眉纹白色,贯眼纹黑褐色;头及上体黑褐色,头密布白色细纹,上体具醒目的黄白色碎斑;尾上覆羽纯白色,尾具黑褐色横斑;下体白色,胸具黑褐色点状斑纹。虹膜褐色;嘴黑色;脚黄色。

旅鸟。栖息于浅水滩头以及沼泽、农田等湿地。多单独活动,主要以小型动物为食。国家"三有"保护鸟类。

（夏家振 摄）

（汪湜 摄）

白腰草鹬 *Tringa ochropus* Green Sandpiper

　　小型涉禽。雌雄羽色相似。成鸟非繁殖羽：眼圈白色，头及上体灰褐色至暗褐色，散布白色斑点；尾上覆羽白色，尾羽端部具黑斑；下体白色，胸具黑褐色纵纹。虹膜暗褐色；嘴黑褐色，基部黄绿；腿黄绿色。
　　冬候鸟。栖息于浅水滩头、沼泽等湿地。主要以小型水生动物为食。国家"三有"保护鸟类。

（汪湜　摄）

（汪湜　摄）

矶鹬 *Actitis hypoleucos* Common Sandpiper

　　小型涉禽。似白腰草鹬，但眉纹和贯眼纹均超过眼后缘；翅折叠时明显短于尾，翼角处具白斑；腰与背同为橄榄褐色；次级飞羽基部白色，形成明显的白色翅斑；外侧尾羽具宽阔的白色端斑。虹膜暗褐色；嘴黑色；脚黄绿色。
　　栖息于浅水滩头以及沼泽等湿地。主要以小型无脊椎动物为食。国家"三有"保护鸟类。

（赵凯　摄）

（汪湜　摄）

黑腹滨鹬 *Calidris alpine* Dunlin

　　小型涉禽。成鸟繁殖羽：头及上体红褐色，具黑褐色斑纹；下体胸具黑褐色点状斑纹，腹具大型黑色斑块；两翼具明显的白色翅斑。冬羽：头及上体灰褐色，下体白色，胸侧具褐色斑纹。虹膜暗褐色；嘴、腿黑色，嘴端部微下弯，且比脚粗。

　　冬候鸟。栖息于河流、湖泊的浅水滩头。冬季集群。主要以小型无脊椎动物为食。国家"三有"保护鸟类。

冬羽　（夏家振　摄）　　　　　　夏羽　（赵凯　摄）

（汪湜　摄）

燕鸻科 Glareolidae

普通燕鸻 *Glareola maldivarum* Oriental Pratincole

　　小型涉禽。成鸟夏羽:头及上体茶褐色,尾上覆羽白色;尾呈叉形,端部黑褐色;喉皮黄色,缘以黑色环带;胸灰色,下体余部白色,翼下覆羽栗红色。虹膜暗褐色;嘴黑色,嘴角红色;脚黑褐色。幼鸟:头及上体灰褐色,具浅色羽缘和斑纹。

　　旅鸟。栖息于水域附近的开阔地。主要以无脊椎动物和小型脊椎动物为食。国家"三有"保护鸟类。

（薄顺奇　摄）

繁殖羽　（汪湜　摄）

（夏家振　摄）

鸥科 Laridae

织女银鸥 *Larus vegae* Siberian Gull

（薄顺奇　摄）

中大型水鸟。成鸟：头、颈以及下体白色，上体以及翼上覆羽灰色，尾上覆羽和尾白色；外侧飞羽黑色具白色尖端，两翼合拢时可见5个大小相近的白色羽尖。冬羽：头、颈密布褐色细纹。虹膜黄色；嘴黄色，下嘴近端部具红斑；幼鸟上体褐色杂以白斑，尾黑褐色。

冬候鸟。栖息于内陆开阔的河流、湖泊等水域。集群活动。主要以鱼类为食。国家"三有"保护鸟类。

黄腿银鸥 *Larus cachinnans* Yellow-legged Gull

（汪湜　摄）

似织女银鸥。但成鸟上体浅灰至中灰，非繁殖羽头及颈背无褐色斑纹；翼合拢时通常可见3个大小相近的白色羽尖。虹膜黄色；嘴黄色，近端部具红点；脚浅粉至黄色。

冬候鸟。栖息于内陆开阔的河流、湖泊等水域。集群活动。主要以鱼类为食。国家"三有"保护鸟类。

灰林银鸥 *Larus heuglini* heuglin's Gull

（薄顺奇　摄）

似黄腿银鸥。但成鸟上体深灰色，羽色明显更深；胫、跗蹠及趾黄色；冬羽头顶具灰褐色细纹，颈背及颈侧具明显的灰褐色斑纹。虹膜黄色；嘴黄色，近端部具红点；脚黄色。

冬候鸟。栖息于内陆开阔的河流、湖泊等水域。集群活动。主要以鱼类为食。国家"三有"保护鸟类。

红嘴鸥 *Larus ridibundus* Black-headed Gull

中小型水鸟。成鸟繁殖羽:头、颈深巧克力色,眼周具新月形白斑;翼浅灰色,尾及下体白色;外侧飞羽具黑斑;非繁殖羽:头白色沾灰,眼先和耳区具黑褐色斑。虹膜褐色;嘴红色;脚红色。幼鸟上体具褐色斑纹,尾具黑褐色带纹。

冬候鸟。栖息于开阔的河流、湖泊等水域。集群活动。主要以鱼、虾等水生动物为食。国家"三有"保护鸟类。

冬羽 （汪湜 摄）

（汪湜 摄）

（夏家振 摄）

普通燕鸥 *Sterna hirundo* Common Tern

小型水鸟。尾白色,深叉形,最外侧尾羽羽缘黑褐色;翼长,收拢时超过尾尖。

（夏家振　摄）

成鸟繁殖期:头顶至后颈黑色,上体以及两翼灰色。冬羽:额白色,头顶黑色杂以白斑,后颈黑色。幼鸟上体具褐色斑纹。虹膜暗褐色;繁殖期嘴基红色,非繁殖期黑色;脚暗红色。

旅鸟。栖息于河流、湖泊等开阔水域。主要以鱼、虾等动物为食。国家"三有"保护鸟类。

白额燕鸥 *Sterna albifrons* Little Tern

小型水鸟。成鸟繁殖羽:头顶至后颈黑色,前额白色;上体及两翼灰色,最外侧飞羽黑褐色;尾白色,最外侧尾羽延长。冬羽:嘴黑色,头顶黑色变浅杂以白纹。虹膜褐色;嘴黄色,尖端黑色;脚红色。

旅鸟。栖息于开阔水域。成对或小群活动。主要以鱼、虾等水生动物为食。国家"三有"保护鸟类。

（赵凯　摄）

须浮鸥 *Chlidonias hybridus* Whiskered Tern

　　小型水鸟。成鸟繁殖羽：头顶至后颈黑色，上体以及两翼灰色；尾灰白色，浅叉状；下体多黑灰色，翼下覆羽灰白色。非繁殖羽：额白色，头顶黑白相杂，后颈黑色，下体白色。幼鸟上体具褐色斑纹。虹膜褐色；嘴红色，非繁殖期黑色；脚红色。

　　夏候鸟。栖息于湖泊、库塘等水域。集群活动。主要以鱼、虾等水生动物为食。国家"三有"保护鸟类。

（汪湜　摄）

幼鸟　（杜政荣　摄）

亲鸟与雏鸟　（杜政荣　摄）

白翅浮鸥 *Chlidonias leucopterus* White-winged Black Tern

　　小型水鸟。成鸟繁殖羽:体羽大部以及翼下覆羽黑色,两翼多灰色,尾及尾覆羽白色。非繁殖期:额白色,后头黑色,颈基部白色无斑;上体浅灰,下体白色。虹膜黑色;嘴黑色;脚红色。

　　旅鸟。栖息于河流、湖泊等水域。多小群活动。主要以鱼、虾等水生动物为食。国家"三有"保护鸟类。

（赵凯　摄）

（赵凯　摄）

（夏家振　摄）

鹳形目 Ciconiiformes

鹳科 Ciconiidae

黑鹳 *Ciconia nigra* Black Stork

　　大型涉禽。成鸟：头、颈、胸以及上体黑色，具金属光泽，胸以下白色。虹膜褐色，嘴、眼周裸皮以及脚红色。幼鸟：头、颈和胸棕褐色，上体暗褐色，嘴暗红色。

　　冬候鸟。栖息于开阔的浅水水域和沼泽地带。多小群活动。主要以鱼、蛙等动物为食。国家Ⅰ级重点保护鸟类；CITES附录Ⅱ。

（汪湜　摄）

幼鸟 （汪湜　摄）

（汪湜　摄）

东方白鹳 *Ciconia boyciana* Oriental Stork

　　大型涉禽。成鸟：体羽多白色，前颈具披针状饰羽；两翼黑色具金属光泽，翼内侧具白色羽缘。虹膜白色，嘴黑色粗壮，脚红色。

　　冬候鸟。栖息于开阔水域的滩头、沼泽等湿地。多小群活动。主要以鱼、蛙等动物为食。国家Ⅰ级重点保护鸟类；IUCN红色名录濒危（EN）；CITES附录Ⅰ。

（夏家振　摄）

（汪湜　摄）

（汪湜　摄）

鲣鸟目 Suliforms

鸬鹚科 Phalacrocoracidae

普通鸬鹚 *Phalacrocorax carbo* Great Cormorant

中等游禽。雌雄体色相似,成鸟通体黑色而具金属光泽。繁殖期头、颈杂有白色丝状羽,两胁具白色斑块,冬季消失。虹膜绿色;嘴灰褐色,端部弯曲呈钩状。幼鸟上体黑褐色,下体污白色具鳞状纹。

冬候鸟。栖息于开阔的河流、湖泊等水域。集群活动,善于潜水捕鱼。国家"三有"保护鸟类。

（赵凯 摄）

繁殖羽 （赵凯 摄）

（赵凯 摄）

鹮科 Threskiornithidae

白琵鹭 *Platalea leucorodia* Eurasian Spoonbill

大型涉禽。成鸟:通体白色,眼与上嘴基部有黑色细纹相连。繁殖期枕部具橙黄色丝状冠羽,冬季消失。虹膜暗红色;嘴黑色,形如琵琶;脚黑色。幼鸟最外侧飞羽具黑褐色条纹或端斑。

冬候鸟。栖息于开阔的浅水区域及沼泽地。多小群活动。主要以鱼类、虾、蟹等动物为食。国家Ⅱ级重点保护鸟类;CITES附录Ⅱ。

（汪湜 摄）

（汪湜 摄）

（汪湜 摄）

鹭科 Ardeidae

苍鹭 *Ardea cinerea* Grey Heron

　　大型涉禽。雌雄羽色相近，成鸟繁殖期头、颈白色，枕部及辫状冠羽黑色；前颈具数列纵行黑斑；上体苍灰色。虹膜黄色；嘴橙黄色。幼鸟头及上体灰褐色而少黑色。

　　冬候鸟，少数留鸟。栖于河流、湖泊的浅滩和沼泽湿地。主要以鱼、虾、蛙等水生动物为食。国家"三有"保护鸟类。

（赵凯　摄）

冬羽　（赵凯　摄）

繁殖羽（赵凯　摄）

草鹭 *Ardea purpurea* Purple Heron

幼鸟 （赵凯 摄）

大型涉禽。雌雄羽色相似，成鸟额、头顶至颈背蓝黑色，繁殖期具辫状冠羽。颈栗褐色具黑褐色带纹；上体灰褐色，飞羽黑褐色。虹膜黄色。幼鸟体羽多棕褐色，颈侧黑色纵纹不明显。

旅鸟。栖息于水草丰茂的浅水区域，或沼泽湿地。主以要鱼、虾、蛙等水生动物为食。国家"三有"保护鸟类。

成鸟 （汪湜 摄）

大白鹭 *Ardea alba* Great Egret

　　大型涉禽。成鸟通体白色,颈部S型扭结明显,嘴裂超过眼睛后缘。繁殖期嘴黑色,眼先蔚蓝色,背部具白色长蓑羽。非繁殖期背部蓑羽消失。虹膜浅黄色;嘴黄色,眼先黄绿色;腿黑色。

　　冬候鸟,少数留鸟。栖息于浅水滩头或沼泽湿地。主要以鱼、蛙等动物为食。国家"三有"保护鸟类。

（汪湜　摄）

繁殖羽　（夏家振　摄）

白鹭与大白鹭　（汪湜　摄）

中白鹭 *Egretta intermedia* Intermediate Egret

　　中大型涉禽。似大白鹭,通体白色,但体型较小,嘴裂不过眼后缘。繁殖期嘴黑色,眼先黄绿色,背和胸均具丝状蓑羽。非繁殖期饰羽消失,嘴黄色而端部黑褐色。虹膜浅黄色;脚黑色。

　　夏候鸟。栖息于河流、湖泊的浅水区域,以及沼泽湿地。主要以鱼、虾为食。国家"三有"保护鸟类。

（汪湜 摄）

（赵凯 摄）

繁殖羽 （杜政荣 摄）

白鹭 *Egretta garzetta* Little Egret

　　中等涉禽。通体白色,明显较大白鹭和中白鹭小。繁殖期眼先粉色,具2根辫状冠羽,背和上胸具蓬松的蓑羽。非繁殖期所有饰羽均消失,眼先黄绿色。虹膜浅黄色;嘴和脚黑色,爪黄色。

　　留鸟。栖息于河流、湖泊岸边或沼泽湿地。单独或集群活动。主要以鱼、虾为食。国家"三有"保护鸟类。

亲鸟与幼鸟 （吴旭东 摄）

（赵凯 摄）

（夏家振 摄）

牛背鹭 *Bubulcus ibis* Cattle Egret

中等涉禽。嘴和颈明显较白鹭等其他鹭类粗短。繁殖期嘴、脚红色,头、颈和胸橙黄色,背和胸具橙黄色发丝状长形饰羽。非繁殖期通体白色。虹膜黄色;嘴黄色;腿黑色。

夏候鸟。栖息于近水草地、耕地、农田等干湿区域。喜与牛为伴,主要以昆虫为食。国家"三有"保护鸟类。

育雏 (吴旭东 摄)

繁殖羽 (赵凯 摄)

牛背上幼鸟 (夏家振 摄)

池鹭 *Ardeola bacchus* Chinese Pond Heron

中等涉禽。成鸟繁殖期眼先黄绿色，嘴基浅蓝色，头、颈和前胸栗褐色，上体具蓝黑色披针状蓑羽。非繁殖期头、颈和胸皮黄色杂以褐色纵纹。虹膜黄色，脚黄绿色。幼鸟似成鸟非繁殖羽。

夏候鸟。栖息于多水草的湖泊、池塘等湿地。单独活动。主要以鱼、虾为食。国家"三有"保护鸟类。

（赵凯　摄）

非繁殖羽　（赵凯　摄）

繁殖羽　（赵凯　摄）

绿鹭 *Butorides striata* Striated Heron

中小型涉禽。成鸟眼先黄绿色,头及冠羽黑色,背和肩具灰绿色披针形矛状羽,翼上覆羽黑褐色具黄白色网状斑纹。虹膜黄色;嘴黑色;脚黄绿色。幼鸟:上体暗褐色,翼具白色斑点,胸具黑褐色纵纹。

夏候鸟。栖息于水域岸边。多单独活动。主要以鱼、虾等为食。国家"三有"保护鸟类。

（夏家振 摄）

（赵凯 摄）

（陈军 摄）

夜鹭 *Nycticorax nycticorax* Black-crowned Night Heron

中等涉禽。成鸟：额基、眉纹及丝状冠羽白色；头及上体黑色，翼灰色，下体白色。虹膜红色；嘴黑色；脚黄色，繁殖期红色。幼鸟：上体暗褐色具黄白色点斑；下体皮黄具褐色纵纹。虹膜黄色；嘴基黄色端部黑色；脚黄色。

夏候鸟。栖息于溪流、池塘等水域附近。主要以鱼、蛙等动物为食。国家"三有"保护鸟类。

幼鸟 （夏家振 摄）

（汪晓奇 摄）

（赵凯 摄）

黄斑苇鳽 *Ixobrychus sinensis* Yellow Bittern

　　中小型涉禽。成鸟:头顶黑色,上体及翼上覆羽栗褐色,飞羽黑色;下体皮黄,具棕褐色纵纹。虹膜黄色;脚黄绿色。幼鸟:上体黄褐色,具黑褐色纵纹。

　　夏候鸟。栖息于水生植物茂密的水域及沼泽地。多单独活动。主要以鱼、蛙等为食。国家"三有"保护鸟类。

（赵凯　摄）

（杜政荣　摄）

（赵凯　摄）

紫背苇鳽 *Ixobrychus eurhythmus* Schrenck's Bittern

中小型涉禽。雄鸟:头顶暗褐色,头及上体紫栗色,腰以下暗灰色。下体土黄色,喉至胸中央具黑褐色纵纹。雌鸟:上体栗褐色,具白色斑点。虹膜黄色,瞳孔后缘与虹膜相连;脚黄绿色。幼鸟似雌鸟。

夏候鸟。多栖息于沼泽、农田等干湿地附近。多单独活动。主要以鱼、虾等为食。国家"三有"保护鸟类。

雄鸟 (刘子祥 摄)

雄鸟 (刘子祥 摄)

雌鸟 (朱英 摄)

栗苇鳽 *Ixobrychus cinnamomeus* Cinnamon Bittern

雌鸟 （夏家振　摄）

中小型涉禽。雄鸟：头、上体以及两翼栗色，颈侧具白斑；下体浅黄褐色，喉至胸中央具黑褐色带纹。雌鸟：头及上体暗栗色，杂以细小的浅棕色斑点；下体土黄色，自喉至胸具数条黑褐色纵纹，中央纵纹较粗。虹膜黄色，脚黄绿色。幼鸟似雌鸟。

夏候鸟。栖息于芦苇及水草丛中。主要以鱼、蛙等为食。国家"三有"保护鸟类。

雄鸟 （夏家振　摄）

黑苇鳱 *Dupetor flavicollis* Black Bittern

中等涉禽。雄鸟：头、上体以及翼黑色，具金属光泽；颈侧橙黄色，前颈至胸暗栗色，杂以白色条纹；胸以下黑褐色。雌鸟较雄鸟色暗，少金属光泽。虹膜红色；脚暗褐色，繁殖期暗红。幼鸟上体具鳞状斑纹。

夏候鸟。栖息于水生植物茂密的湿地。多单独活动。主要以鱼、虾等为食。国家"三有"保护鸟类。

（赵凯 摄）

（杜政荣 摄）

大麻鳽 *Botaurus stellaris* Eurasian Bittern

（赵凯　摄）

中大型涉禽。成鸟：头顶黑褐色，上体多黄褐色，密杂以黑褐色斑纹；下体皮黄色，具褐色纵纹。虹膜黄色；脚黄绿色。

冬候鸟。栖息于水域或沼泽地茂密的植被中。多单独活动，受惊时头颈向上伸直。主要以鱼、虾、蛙等动物为食。国家"三有"保护鸟类。

（赵凯　摄）

鹰形目 Accipitriformes

鹗科 Pandionidae

鹗 *Pandion haliaetus* Osprey

中等猛禽。成鸟：头、颈白色，头顶具黑褐色纵纹，头侧黑褐色贯眼纹延伸至后颈；上体暗褐色；下体白色，胸部具褐色斑纹；翼下覆羽白色，具褐色斑纹。虹膜黄色；蜡膜灰色，嘴黑色；脚黄色，爪黑色。

旅鸟。栖息于湿地附近的有林地。多单独活动，主要以鱼类为食。国家Ⅱ级重点保护鸟类。

（朱英　摄）

（夏家振　摄）

鹰科 Accipitridae

黑冠鹃隼 *Aviceda leuphotes* Black Baza

中小型猛禽。成鸟：头及上体黑色具金属光泽，后头具竖立的冠羽，两翼缀有白斑；胸至上腹白色，具暗栗色横纹；下体余部以及翼下黑色。虹膜红色；蜡膜灰色，嘴黑色；脚铅灰色。

留鸟。栖息于山地、丘陵地区的林间空地。成对或小群活动。主要以蜥蜴、鼠类等小型脊椎动物为食。国家Ⅱ级重点保护鸟类；CITES附录Ⅱ。

（夏家振　摄）

（夏家振　摄）

（赵凯　摄）

黑翅鸢 *Elanus caeruleus* Black-shouldered Kite

　　小型猛禽。成鸟：贯眼纹黑色，颊部白色；头、上体以及两翅蓝灰色，翼具大型黑斑；下体及翼下覆羽白色。虹膜红色；蜡膜黄色，嘴黑色；脚黄色。幼鸟上体褐色具浅黄色羽缘。

　　夏候鸟，在本地有交配记录。栖息于田野、草坡等生境。单独或成对活动。主要以小型脊椎动物为食。国家Ⅱ级重点保护鸟类；CITES附录Ⅱ。

（汪湜　摄）

（汪湜　摄）

（汪湜　摄）

黑鸢 *Milvus migrans* Black Kite

　　中等猛禽。耳羽黑褐色,尾羽呈浅叉状;头顶至后颈棕褐色;上体及两翼暗褐色;初级飞羽黑褐色,腹面基部具大型白斑;下体暗棕褐色,具黑色羽干纹。虹膜褐色;蜡膜浅黄,嘴黑色;脚黄色,爪黑色。幼鸟:体羽棕褐色,下体具棕白色纵纹。

　　留鸟。栖息于低山、丘陵等多种生境。主要以小型脊椎动物为食。国家Ⅱ级重点保护鸟类;CITES附录Ⅱ。

（赵凯　摄）　　　　　　　　　　　　（赵凯　摄）

（汪湜　摄）

白尾海雕 *Haliaeetus albicilla* White-tailed Sea Eagle

大型猛禽。成鸟：嘴大而黄，尾短而纯白。头及上体棕褐色，下体暗褐色，胸部羽毛披针形。虹膜黄色；脚上段被羽，下段裸露黄色。幼鸟：嘴黑色，体羽褐色。

冬候鸟。栖息于开阔的河流、湖泊等湿地。主要以鱼类为食。国家 Ⅰ 级重点保护鸟类；CITES附录 Ⅰ 。

（胡荣庆　摄）

（胡荣庆　摄）

蛇雕 *Spilornis cheela* Crested Serpent Eagle

中大型猛禽。成鸟:眼与嘴之间的裸皮黄色;头黑色杂以白斑,上体暗褐色;尾黑色具宽阔的白色带斑;下体棕褐杂以白色斑点;飞羽腹面具宽阔的白色带斑。虹膜黄色;蜡膜黄色,嘴黑褐色;脚黄色。

留鸟。栖息于山地森林及林缘开阔地带。主要以蛇类、鼠类等脊椎动物为食。国家Ⅱ级重点保护鸟类;CITES附录Ⅱ。

(夏家振　摄)

(袁晓　摄)

白腹鹞 *Circus spilonotus* Eastern Marsh Harrier

中等猛禽。雄鸟：头及上体黑色，后颈杂有白斑；两翼多灰色而具褐色斑纹，外侧飞羽黑色；尾灰色，尾上覆羽白色；胸具有褐色纵纹，下体余部以及翼下覆羽白色。雌鸟体羽暗褐色至棕褐色。嘴黑色，虹膜、蜡膜、脚和趾均为黄色。

冬候鸟。栖息于湿地附近的开阔地带。主要以小型脊椎动物和大型昆虫为食。国家Ⅱ级重点保护鸟类；CITES附录Ⅱ。

雄鸟 （胡云程 摄）

白尾鹞 *Circus cyaneus* Hen Harrier

中等猛禽。尾上覆羽白色。雄鸟：头、颈、胸、上体以及两翼蓝灰色；外侧飞羽黑色，胸以下白色。雌鸟：头及上体暗褐色，下体皮黄，胸具褐色纵纹，两胁具点状斑纹。嘴黑色，虹膜、蜡膜、脚和趾黄色。

冬候鸟。栖息于湿地附近的开阔地带。主要以小型脊椎动物和大型昆虫为食。国家Ⅱ级重点保护鸟类；CITES附录Ⅱ。

雄鸟 （袁晓 摄）

鹊鹞 *Circus melanoleucos* Pied Harrier

中等猛禽。尾上覆羽白色，尾灰色具褐色斑。雄鸟：头及上体黑色；两翼仅外侧飞羽和中覆羽黑色，余部灰褐色；下体胸以上黑色，余部白色。雌鸟：头棕褐色杂以浅色纵纹，下体白色具棕褐色纵纹。嘴黑色，虹膜、蜡膜以及脚和趾黄色。

冬候鸟。栖息于湿地附近的开阔地带。主要以小型脊椎动物为食。国家Ⅱ级重点保护鸟类；CITES附录Ⅱ。

雄鸟 （吴海龙 摄）

凤头鹰 *Accipiter trivirgatus* Crested Goshawk

　　中等猛禽。翼指6根,尾下覆羽白色蓬松,喉具黑色中央纵纹。成鸟:头黑灰色,上体暗褐色;下体白色,胸具棕褐色纵纹,胸以下为横纹,尾具黑褐色横纹。嘴黑色,虹膜、蜡膜、脚和趾黄色。幼鸟下体为点状斑纹。

　　留鸟。栖息于山地、丘陵以及平原地区的岗地。主要以小型脊椎动物为食。国家Ⅱ级重点保护鸟类;CITES附录Ⅱ。

　　　　幼鸟　(夏家振　摄)

　　　　成鸟　(桂涛　摄)

成鸟　(赵凯　摄)

赤腹鹰 *Accipiter soloensis* Chinese Goshawk

小型猛禽。翼指4根,蜡膜橙黄色。雄鸟:虹膜红褐色;头及上体蓝灰色,初级飞羽黑色;下体白色沾棕,尾下和翼下白色。雌鸟:虹膜黄色;下体棕褐色。嘴黑色,脚橘黄色。幼鸟:虹膜黄色,喉具黑色中央纵纹,下体白色具棕褐色斑纹。

夏候鸟。栖息于山地、丘陵的林缘地带。主要以小型脊椎动物为食。国家Ⅱ级重点保护鸟类;CITES附录Ⅱ。

雌鸟 (夏家振 摄)

雌鸟 (夏家振 摄)

雄鸟 (汪湜 摄)

雄鸟 (赵凯 摄)

松雀鹰 *Accipiter virgatus* Besra Sparrow Hawk

成鸟 （夏家振 摄）

小型猛禽。翼指5根，喉具粗著的黑色中央纵纹。成鸟：头颈黑灰色，上体灰褐色；下体白色，胸具棕褐色纵纹，胸以下为横纹；尾具宽阔的黑色横纹。幼鸟：下体皮黄，胸部中央具褐色纵纹，两侧和腹部为为横纹或点状斑纹。嘴黑色；虹膜、蜡膜、脚和趾黄色。

留鸟。栖息于山地林区。主要以小型脊椎动物为食。国家Ⅱ级重点保护鸟类；CITES附录Ⅱ。

幼鸟 （夏家振 摄）

幼鸟 （夏家振 摄）

雀鹰 *Accipiter nisus* Eurasian Sparrow Hawk

　　中等猛禽。具白色眉纹,翼指6根,喉具褐色细纹。雄鸟:虹膜红褐色,头及上体暗灰色,颊红褐色,下体白色具红褐色横纹和细的羽干纹。雌鸟:虹膜黄色,下体横纹和羽干纹为褐色。幼鸟下体具矢状斑。嘴黑色,蜡膜、脚和趾黄色。

　　冬候鸟。栖息于低山丘陵、山脚平原的多种生境。主要小型脊椎动物为食。国家Ⅱ级重点保护鸟类;CITES附录Ⅱ。

雌鸟 （张忠东 摄）

雄鸟 （夏家振 摄）

幼鸟 （赵凯 摄）

普通鵟 *Buteo buteo* Common Buzzard

　　中等猛禽。鼻孔几与嘴裂平行。成鸟：体羽暗褐至棕褐色；外侧飞羽端部黑褐色，基部灰白色；翼腹面翼角处具黑褐色斑；尾扇形，灰褐色具黑褐色横纹。嘴黑色，虹膜、蜡膜、脚和趾黄色。

　　冬候鸟。栖息于低山、丘陵的林缘地带。主要以小型脊椎动物为食。国家Ⅱ级重点保护鸟类；CITES附录Ⅱ。

（夏家振　摄）

救护　（程东升　摄）

（赵凯　摄）

白腹隼雕 *Hieraaetus fasciatus* Bonelli's Eagle

中大型猛禽。成鸟：头及上体暗褐色；下体白色，具黑褐色纵纹；翼下覆羽黑褐色。嘴黑色，虹膜、蜡膜和趾黄色，脚被羽。幼鸟：上体土黄色，下体黄褐色具黑褐色羽干纹，虹膜棕褐色。

留鸟。栖息于山地、丘陵地区多岩石的水域附近。主要以鸟类和小型哺乳动物为食。国家Ⅱ级重点保护鸟类；CITES附录Ⅱ。

幼鸟 （夏家振 摄）

成鸟 （赵凯 摄）

成鸟 （赵凯 摄）

鹰雕 *Spizaetus nipalensis* Mountain Hawk Eagle

中大型猛禽。雌雄相似。成鸟：翼指7根，具粗著的黑色喉中线；头侧黑色，上体褐色；下体白色，胸具褐色纵纹，余部为棕褐色横纹。虹膜黄色；蜡膜灰色，嘴黑色；脚被羽，趾黄色。幼鸟：头皮黄色，上体褐色具浅色羽缘；下体白色，具黄褐色斑纹。

留鸟。栖息于山地林缘地带。主要以野兔、野鸡等脊椎动物为食。国家Ⅱ级重点保护鸟类；CITES附录Ⅱ。

幼鸟 （程东升 摄）　　　　　　　　　　　（薛辉 摄）

幼鸟 （程东升 摄）

鸮形目 Strigiformes

鸱鸮科 Strigidae

领角鸮 *Otus lettia* Collared Scops Owl

　　小型猛禽。具显著的耳簇羽,面盘灰白杂以黑褐色细斑;头及上体灰褐色具黑褐色羽干纹和虫蠹状细斑;下体灰白,喉具棕褐色邹领,胸具黑色细纵纹和浅褐色波状横纹。虹膜红色;嘴黑褐色;脚被羽。

　　留鸟。栖息于山地、丘陵的林区。夜行性。主要以鼠类等小型动物为食。国家Ⅱ级重点保护鸟类;CITES附录Ⅱ。

（夏家振　摄）

幼鸟　（赵凯　摄）

幼鸟　（汪湜　摄）

红角鸮 *Otus sunia* Oriental Scops Owl

小型猛禽。虹膜亮黄色,耳簇羽延长;面盘灰褐色,杂以黑褐色细纹;头及上体灰褐色,具黑色羽干纹;肩部具白色纵行斑纹;下体烟灰色,具黑褐色纵纹和暗褐色细横斑。棕色型体羽浅红褐色。嘴黑色;脚被羽。

夏候鸟。栖息于林间。夜行性。主要小型动物为食。国家Ⅱ级重点保护鸟类;CITES附录Ⅱ。

（汪湜 摄）

（夏家振 摄）

（夏家振 摄）

雕鸮 *Bubo bubo* Eurasian Eagle-owl

中大型猛禽。成鸟:面盘显著,棕黄色杂以黑褐色细纹;头及上体黄褐色,杂以黑褐色斑纹,肩部具黑色簇状斑纹;喉白色,下体余部黄褐色,具黑褐色细横纹,胸部具粗著的黑褐色纵纹。虹膜黄色;嘴黑色;脚和趾均被羽。

留鸟。栖息于山地、丘陵地区的森林中。夜行性。主要以鼠类、兔、蛙、蛇等脊椎动物为食。国家Ⅱ级重点保护鸟类;CITES附录Ⅱ。

救护 (程东升 摄)

幼鸟 (汪湜 摄)

领鸺鹠 *Glaucidium brodiei* Collared Owl

　　小型猛禽。成鸟：头顶棕褐色密布白色斑点；颈背黄褐色，两侧各具一个黑色大型眼状斑块；上体暗褐色具黄褐色横斑，肩部具白色纵行带纹；胸及体侧棕褐色具白色横纹；下体余部白色具棕褐色纵纹。虹膜黄色；嘴黄绿色；脚被羽，趾黄色。

　　留鸟。栖息于山地、丘陵地区的森林。主要以昆虫和小型脊椎动物为食。国家Ⅱ级重点保护鸟类；CITES附录Ⅱ。

背面观 （王灵芝 摄）

（王灵芝 摄）

（朱英 摄）

斑头鸺鹠 *Glaucidium cuculoides* Asian Barred Owlet

小型猛禽。成鸟：头及上体棕褐色，具黄褐色横纹；肩部具白色带纹；下体白色，胸具褐色横纹，腹具褐色纵纹。幼鸟：头具黄白色点斑而非横纹。虹膜黄色；嘴黄绿色；脚被羽，趾绿黄色。

留鸟。栖息于山地、丘陵的林地或林缘灌丛。白天活动。主要以昆虫和小型脊椎动物为食。国家Ⅱ级重点保护鸟类；CITES附录Ⅱ。

（赵凯 摄）

幼鸟 （汪湜 摄）

日本鹰鸮 *Ninox japonica* Northern Boobook

救护 （李永民　摄）

小型猛禽。成鸟：虹膜亮黄色，上嘴基部白色；头及上体深棕褐色，肩羽具白色块斑；喉皮黄色，下体余部白色，胸、腹具棕褐色纵纹。嘴黑褐色；脚被羽，趾黄色。

夏候鸟。栖息于山地、丘陵地区的阔叶林中。主要以昆虫和小型脊椎动物为食。国家Ⅱ级重点保护鸟类；CITES附录Ⅱ。

（陈军　摄）

长耳鸮 *Asio otus* Long-eared Owl

中小型猛禽。成鸟：耳簇羽发达，面盘显著；两眼间具灰白色的"X"形图案；头及上体灰黄相杂，具黑褐色羽干纹和虫蠹状细纹；翼下具显著的黑褐色腕斑；下体皮黄具粗著的黑褐色纵纹。虹膜橙黄色；嘴黑色；脚和趾均被羽。

冬候鸟。栖息于高大乔木上。多晨昏活动。主要以鼠类等小型脊椎动物为食。国家Ⅱ级重点保护鸟类；CITES附录Ⅱ。

（袁晓 摄）

（夏家振 摄）

短耳鸮 *Asio flammeus* Short-eared Owl

　　中小型猛禽。成鸟：耳簇羽不发达，具显著的面盘和白色皱领；虹膜亮黄色，眼周黑色；上体黄褐色密布黑褐色纵纹；颏、喉白色，下体余部浅黄褐色，胸、腹具黑褐色纵纹；翼下浅黄色，具粗著的黑褐色腕斑。嘴黑色；脚和趾均被羽。

　　冬候鸟。栖息于低山、丘陵以及开阔平原的草、灌丛中。主要以鼠类等小型脊椎动物为食。国家Ⅱ级重点保护鸟类；CITES附录Ⅱ。

（薄顺奇　摄）

（赵凯　摄）

（赵凯　摄）

草鸮科 Tytonidae

草鸮 *Tyto capensis* Grass Owl

中小型猛禽。俗称"猴面鹰"。面盘显著灰棕色，眼先具黑色斑块；上体黑褐色具黄褐色斑纹；下体棕白色，具黑褐色点状斑纹。虹膜红褐色；嘴浅黄色；脚被羽，爪黑褐色。

留鸟。栖息于草、灌丛中。夜行性。主要以鼠类等小型动物为食。国家Ⅱ级重点保护鸟类；CITES附录Ⅱ。

雏鸟　（程东升　摄）

（汪湜　摄）

犀鸟目 Bucerotiformes

戴胜科 Upupidae

戴胜 *Upupa epops* Eurasian Hoopoe

　　小型攀禽。成鸟：嘴细长下弯，头、颈、上背以及下体棕褐色，羽冠具黑色端斑；上体余部以及两翼黑色，具数条醒目的白色条纹；尾羽黑色，具宽阔的白色横纹。虹膜褐色；嘴、脚黑色。

　　留鸟。栖息于水域附近开阔的潮湿地面。主要以昆虫、蚯蚓等无脊椎动物为食。国家"三有"保护鸟类。

（夏家振　摄）

（夏家振　摄）

（汪湜　摄）

佛法僧目 Coraciiformes

蜂虎科 Meropidae

蓝喉蜂虎 *Merops viridis* Blue-throated Bee-eater

　　小型攀禽。成鸟：嘴长下弯，头顶至上背栗红色；喉和腰蓝色，其余体羽多绿色；中央两枚尾羽特别延长。虹膜红褐色；嘴黑色；脚灰褐色。幼鸟：头及上背绿色，中央尾羽不延长。

　　夏候鸟。栖息于山地、丘陵地区近水的林缘开阔地。主要以蜜蜂等昆虫为食。国家"三有"保护鸟类。

（汪湜　摄）

幼鸟　（赵凯　摄）

（夏家振　摄）

佛法僧科 Coraciidae

三宝鸟 *Eurystomus orientalis* Dollarbird

（汪湜　摄）

中小型攀禽。成鸟：头、颈黑色，体羽多蓝绿色；初级飞羽基部具大型浅蓝色斑块；下体余部亦为蓝绿色。虹膜褐色；嘴、脚红色。幼鸟嘴及上体黑褐色。

夏候鸟。栖息于山地、丘陵地区林缘开阔地。主要以昆虫为食。国家"三有"保护鸟类。

（夏家振　摄）

翠鸟科 Alcedinidae

普通翠鸟 *Alcedo atthis* Common Kingfisher

　　小型攀禽。成鸟:尾短,嘴长且直;耳羽橘红色,颈侧具白色斑块;头及上体深蓝绿色,密布浅蓝色细斑点;下体栗棕色。幼鸟体羽黯淡,胸具深色带纹。虹膜暗褐色;嘴黑色,雌鸟下嘴橘红色;脚红色。

　　留鸟。栖息于库塘等水域附近。主要以鱼、虾等动物为食。国家"三有"保护鸟类。

（杜政荣　摄）

（夏家振　摄）

白胸翡翠 *Halcyon smyrnensis* White-throated Kingfisher

　　中小型攀禽。成鸟：嘴红色粗大，头、后颈深栗色；上体多蓝色，肩羽黑、栗两色，翼具大型白斑；喉至胸白色，下体余部栗色。虹膜黄色；脚红色。幼鸟：嘴黑褐色，胸具暗褐色斑纹。

　　留鸟。栖息于山地、丘陵地区近水的林缘地带。主要以鱼、虾等动物为食。

（汪湜　摄）

（汪湜　摄）

（汪湜　摄）

蓝翡翠 *Halcyon pileata* Black-capped Kingfisher

　　中小型攀禽。嘴红色粗大,翼具大型白斑。雄鸟:头黑色,后颈至前胸白色;上体钴蓝色,肩部具大型黑斑,下体胸以下棕栗色。雌鸟后颈和胸侧白色沾棕。虹膜深褐色;脚红色。幼鸟似成鸟,但胸部具暗褐色横纹。

　　夏候鸟。栖息于山地、丘陵以及平原地区的水域附近。主要以昆虫、鱼、蛙等动物以及为食。国家"三有"保护鸟类。

（夏家振　摄）

（汪湜　摄）

（夏家振　摄）

冠鱼狗 *Megaceryle lugubris* Crested Kingfisher

　　中等攀禽。成鸟：头及上体黑色,头顶具发达的冠羽,上体密布白色斑点；下体白色,具宽阔的黑色胸带,两胁具横斑。虹膜褐色；嘴粗大黑色；脚黑色。

　　留鸟。栖息于山地林间的溪流附近。受惊时沿溪流飞行,主要以鱼、虾等水生动物为食。

（汪湜　摄）

（汪湜　摄）

（赵凯　摄）

斑鱼狗 *Ceryle rudis* Lesser Pied Kingfisher

中小型攀禽。体羽黑白相杂，似冠鱼狗，但无明显羽冠，具粗著的白色眉纹，颈侧具大型白斑，上体白斑不规则。雄鸟前颈和胸部各具完整的黑色带纹，雌鸟仅具不完整的黑色胸带。虹膜褐色；嘴、脚黑色。

留鸟。栖息于丘陵、平原地区的水域附近。主要以鱼、虾等动物为食。

（赵凯 摄）

（汪湜 摄）

啄木鸟目 Piciformes

啄木鸟科 Picidae

蚁䴕 *Jynx torquilla* Eurasian Wryneck

（夏家振　摄）

小型攀禽。成鸟：头及上体灰色，密布暗褐色虫蠹斑，背中央有绒黑色纵纹；头侧、颈侧以及胸黄褐色，具黑褐色细纹；胸以下白色沾黄，具黑褐色斑点。虹膜黄褐色；嘴铅灰色；脚黄色。

旅鸟。栖息于开阔的林带。常以舌钩取树缝中的昆虫。主要以蚁类昆虫为食。国家"三有"保护鸟类；安徽省一级保护鸟类。

（夏家振　摄）

斑姬啄木鸟 *Picumnus innominatus* Speckled Piculet

　　小型攀禽。成鸟:头、颈栗色,眉纹和颊纹白色;上体橄榄绿色;尾黑色,中央1对尾羽内侧白色,外侧3对尾羽具白色次端斑;下体白色,胸和两胁具黑色斑纹。雄鸟前额具橘红色点斑。虹膜红色;嘴黑色锥形;脚黑褐色。

　　留鸟。栖息于有林地。主要以昆虫为食。国家"三有"保护鸟类;安徽省一级保护鸟类。

（夏家振　摄）

（赵凯　摄）

（唐建兵　摄）

星头啄木鸟 *Dendrocopos canicapillus* Grey-capped Woodpecker

　　小型攀禽。成鸟：嘴短强直如凿；头侧白色，颊至颈部具黑褐斑；头顶及上体多黑色，背中央白色，两翼具白色斑点；下体污白具黑褐色纵纹。雄鸟头侧具一红色条纹，雌鸟无。虹膜红褐色；嘴铅灰色；脚灰褐色。

　　留鸟。栖息于各种有林地。主要以昆虫及其幼虫为食。国家"三有"保护鸟类；安徽省一级保护鸟类。

（汪湜　摄）

（夏家振　摄）

（赵凯　摄）

大斑啄木鸟 *Dendrocopos major* Great Spotted Woodpecker

小型攀禽。嘴强直如凿,舌细长先端具短钩。雄鸟:头侧白色,下颊至颈侧具大形黑斑;头及上体黑白两色,后头具红色块斑,肩部具大型白斑,两翼具白色斑点;下体白色沾棕,尾下覆羽红色。雌鸟后头无红色斑块。虹膜红褐色;嘴黑色;脚黑褐色。

留鸟。栖息于各种有林地。主要以昆虫为主食。国家"三有"保护鸟类;安徽省一级保护鸟类。

(夏家振 摄)

(汪湜 摄)

灰头绿啄木鸟 *Picus canu* Grey-headed Woodpecker

中小型攀禽。雄鸟:额和前头红色;后头至后颈黑色,头侧灰色;上体橄榄绿色,两翼具白色横斑;颏、喉污白色,下体余部暗绿色。雌鸟额灰色,无红斑。虹膜红褐色;嘴黑褐色,下嘴基部黄绿色;脚黄绿色。

留鸟。栖息于山地、丘陵地区的林缘地带。主要以昆虫为食,兼食部分植物种子。国家"三有"保护鸟类;安徽省一级保护鸟类。

雌鸟 (赵凯 摄)

雌鸟 (夏家振 摄)

雄鸟 (赵凯 摄)

隼形目 Falconiformes

隼科 Falconidae

红隼 *Falco tinnunculus* Common Kestrel

　　小型猛禽。具黑褐色髭纹。雄鸟：头顶至后颈蓝灰色，上体砖红色具黑斑；尾蓝灰色具宽阔的黑色次端斑；下体皮黄具黑褐色纵纹。雌鸟：头及上体红褐色，杂以黑褐色细纹或斑块，尾具黑褐色横纹和宽阔的次端斑。幼鸟似雌鸟。虹膜褐色；蜡膜黄色，嘴黑色；脚黄色。

　　留鸟。栖息于林缘或旷野。主要以小型脊椎动物为食。国家Ⅱ级重点保护鸟类；CITES附录Ⅱ。

（汪湜　摄）

（赵凯　摄）

（夏家振　摄）

（汪湜　摄）

阿穆尔隼 *Falco amurensis* Amur Falcon

小型猛禽。具黑褐色髭纹。雄鸟:通体石板灰色,尾下覆羽红色,翼下覆羽白色。雌鸟:头深灰色,上体蓝灰色具黑色斑块和羽干纹;下体白色具粗著的黑褐色斑纹。幼鸟似雌鸟,体羽具红褐色羽缘。虹膜褐色;蜡膜橙红色,嘴黑色;脚趾红色。

旅鸟。栖息于开阔平原地带。主要以小型脊椎动物和大型昆虫为食。国家Ⅱ级重点保护鸟类;CITES附录Ⅱ。

雌鸟 (夏家振 摄)

雄鸟 (夏家振 摄)

雄鸟 (赵凯 摄)

幼鸟 (赵凯 摄)

燕隼 *Falco subbuteo* Eurasian Hobby

　　小型猛禽。髭纹粗著。成鸟:具白色眉纹,头及上体蓝灰色具黑色羽干纹;颈侧白色,耳区有一向下的黑色突起;下体白色具黑褐色纵纹;尾下覆羽棕红色;翼下覆羽白色密布黑色斑纹。虹膜褐色;蜡膜黄色,嘴黑灰色;脚和趾黄色。幼鸟上体具红褐色羽缘。

　　夏候鸟。栖息于林缘的开阔地带。主要以小型脊椎动物为食。国家Ⅱ级重点保护鸟类;CITES附录Ⅱ。

（夏家振　摄）

（夏家振　摄）

（汪湜　摄）

游隼 *Falco peregrinus* Peregrine Falcon

中等猛禽。成鸟：眼周黄色，头及头侧黑色，颊部色浅；上体暗蓝灰色具黑色羽干纹；下体浅红棕色，胸具黑褐色点状斑纹，腹以下为横纹。幼鸟：体羽具红褐色羽缘，下体皮黄具黑褐色纵纹。虹膜褐色；蜡膜黄色，嘴灰黑色；脚和趾黄色。

留鸟。栖息于水域附近的开阔地带。主要以中小型脊椎动物为食。国家Ⅱ级重点保护鸟类；CITES附录Ⅱ。

（赵凯　摄）

（程东升　摄）　　　　　　　　（夏家振　摄）

雀形目 Passeriformes

八色鸫科 Pittidae

仙八色鸫 *Pitta nympha* Fairy Pitta

　　小型鸣禽。成鸟：头顶栗色，眉纹皮黄色，过眼纹黑色宽阔；上体多深绿色，翼上覆羽具天蓝色斑纹，翼下初级飞羽基部具白斑；下体灰棕，尾下覆羽朱红色。虹膜褐色；嘴黑色；脚粉红色。

　　夏候鸟。栖息于低山、丘陵地区的林下。主要以昆虫无脊椎动物为食。国家Ⅱ级重点保护鸟类；IUCN易危种（VU）；CITES附录Ⅱ。

（夏家振　摄）

（夏家振　摄）

（朱英　摄）

黄鹂科 Oriolidae

黑枕黄鹂 *Oriolus chinensis* Black-naped Oriole

幼鸟 （夏家振 摄）

中等鸣禽。成鸟：通体黄色；两侧宽阔的过眼纹黑色在枕部相连。幼鸟：贯眼纹细且短，不及枕部；头及上体橄榄黄绿色，下体白色具黑褐色纵纹。虹膜红褐色；嘴粉红色；脚黑褐色。

夏候鸟。多栖息于乔木的树冠层，极少在地面活动。主要以昆虫为食，兼食植物果实和种子。国家"三有"保护鸟类；安徽省一级保护鸟类。

（赵凯 摄）

山椒鸟科 Campephagidae

暗灰鹃鵙 *Lalage melaschistos* Black-winged Cuckoo-shrike

中等鸣禽。成鸟：头及上体石板灰色，外侧飞羽具白色条纹，最外侧3对尾羽具白色端斑；下体多浅灰色，尾下覆羽白色。幼鸟：头及上体具白色羽缘，下体具褐色斑纹。虹膜红褐色；嘴黑色；脚铅蓝。

夏候鸟。栖息于山地、丘陵以及平原地区的阔叶林以及针阔混交林。主要以昆虫为食，兼食植物果实等组织。国家"三有"保护鸟类。

（夏家振　摄）

（夏家振　摄）

小灰山椒鸟 *Pericrocotus cantonensis* Swinhoe's Minivet

　　中小型鸣禽。雄鸟：额、头侧白色，过眼纹黑色，耳羽褐灰；头顶及背黑灰色，腰浅黄褐色；颏、喉纯白，胸白色沾黄，下体余部白色。雌鸟头及上体灰褐，幼鸟上体具白色斑纹。虹膜暗褐色；嘴、脚黑色。

　　夏候鸟。栖息于山地、丘陵地区的林缘。主要以昆虫及其幼虫为食。国家"三有"保护鸟类。

（赵凯　摄）

（赵凯　摄）

（夏家振　摄）

灰喉山椒鸟 *Pericrocotus solaris* Grey-chinned Minivet

中小型鸣禽。雌雄异色。雄鸟：头及上背黑色，腰以及下体胸以下赤红色，颏、喉灰色；两翼和尾黑色，翼具赤红色"7"形翅斑，外侧尾羽端部赤红色。雌鸟：头、颈灰色，腰橄榄绿色，翅斑和下体大部黄色。虹膜暗褐色；嘴、脚黑色。

留鸟。栖息于山地、丘陵地区的常绿阔叶林和混交林中。性喜集群。主要以昆虫及其幼虫为食，兼食植物果实。国家"三有"保护鸟类。

雄鸟 （赵凯 摄）

雌鸟 （吴海龙 摄）

卷尾科 Dicruridae

黑卷尾 *Dicrurus macrocercus* Black Drongo

中等鸣禽。成鸟：通体黑色，具金属光泽；尾呈深叉形，最外侧尾羽微向上卷曲。幼鸟体羽黑褐色，下体羽端具灰白色羽缘。虹膜红褐色；嘴、脚黑色。

夏候鸟。栖息于山地、丘陵以及平原地区的开阔地。主要以昆虫和小型脊椎动物为食。国家"三有"保护鸟类。

（赵凯 摄）

（赵凯 摄）

（赵凯 摄）

灰卷尾 *Dicrurus leucophaeus* Ashy Drongo

　　中等鸣禽。成鸟：通体暗灰色，眼周白色；尾呈叉型，最外侧尾羽微向上卷曲。虹膜红褐色；嘴、跗蹠及趾黑色。

　　夏候鸟。栖息于山地、丘陵和平原地带的林缘。主要以昆虫为食。国家"三有"保护鸟类。

（赵凯　摄）

（汪湜　摄）

幼鸟 （赵凯　摄）

发冠卷尾 *Dicrurus hottentottus* Hair-crested Drongo

　　中等鸣禽。似黑卷尾，通体黑色，具金属光泽；但额顶具丝状冠羽，最外侧尾羽卷曲更明显；喉和上胸具滴状斑。幼鸟体羽金属光泽较淡。虹膜红褐色；嘴、脚黑色。

　　夏候鸟。栖息于山地、丘陵地区。主要以昆虫为食，兼食植物果实和种子。国家"三有"保护鸟类。

幼鸟 （赵凯 摄）

（程东升 摄）

（赵凯 摄）

王鹟科 Monarchinae

寿带 *Terpsiphone incei* Amur Paradise-Flycatcher

中等鸣禽。栗色型雄鸟：眼圈辉钴蓝色，头、颈蓝黑色具金属光泽；上体以及尾羽栗红色，中央两枚尾羽特别延长；胸暗灰，下体余部白色。白色型雄鸟：上体灰白色。雌鸟似栗色型雄鸟，但尾短。虹膜暗褐色；嘴蓝色；脚铅灰色。

夏候鸟。栖息于山地、丘陵地区的高大乔木上。飞行时长尾摇曳，极为醒目。主要以昆虫为食。国家"三有"保护鸟类；安徽省一级保护鸟类。

白色型 （程东升 摄）

栗色型 （汪湜 摄）

伯劳科 Laniidae

虎纹伯劳 *Lanius tigrinus* Tiger Shrike

雄鸟（汪湜 摄）

中小型鸣禽。雄鸟:过眼纹黑色宽阔;头顶至上背蓝灰色;上体多棕栗色,具波状黑褐色横纹;尾羽红褐色,具暗灰色横纹;下体白色,两胁微具褐色横斑。雌鸟两胁褐色横纹浓密。虹膜褐色;嘴黑色;脚褐灰色。幼鸟头亦为栗褐色。

夏候鸟。栖息于林缘地带。主要以昆虫以及小型脊椎动物为食。国家"三有"保护鸟类;安徽省二级保护鸟类。

雌鸟（赵凯 摄）

牛头伯劳 *Lanius bucephalus* Bull-headed Shrike

中小型鸣禽。雄鸟：眉纹白色，过眼纹黑色；头顶至后颈栗褐色，上体灰褐色；翼具白色翅斑；颏、喉白色，下体体侧棕红色，中央色浅微具褐色鳞状纹。雌鸟眼先灰白色，耳羽棕褐色，无白色翅斑。虹膜褐色，嘴、脚黑褐色。

冬候鸟。栖息于山地、丘陵地区的林缘地带。主要以昆虫以及小型脊椎动物为食。国家"三有"保护鸟类；安徽省二级保护鸟类。

雄鸟 （夏家振 摄）

雌鸟 （赵凯 摄）

红尾伯劳 *Lanius cristatus* Brown Shrike

　　中小型鸣禽。眉纹白色,过眼纹黑色,尾羽红棕色。雄鸟头和上体羽色大致有3种:灰至灰褐色,红棕色,栗褐色;颏、喉白色,下体余部浅棕色。雌鸟下体均具暗褐色鳞状斑纹。虹膜褐色;嘴、脚黑色。

　　夏候鸟。栖息于林缘灌丛。主要以昆虫和小型脊椎动物为食。国家"三有"保护鸟类;安徽省二级保护鸟类。

（汪湜　摄）

（夏家振　摄）

（赵凯　摄）

（赵凯　摄）

棕背伯劳 *Lanius schach* Long-tailed Shrike

中等鸣禽。成鸟:额基与过眼纹黑色,头顶、后颈至上背灰色;下背至尾上覆羽棕色;翼具白色翅斑;下体白色,体侧和尾下覆羽浅棕色。幼鸟:上体棕褐色,羽缘暗褐色。虹膜褐色;嘴、脚黑色。

留鸟。栖息于林地或开阔地。主要以昆虫和小型脊椎动物为食。国家"三有"保护鸟类;安徽省二级保护鸟类。

黑色型 (赵凯 摄)

(方再能 摄)

(汪湜 摄)

(赵凯 摄)

楔尾伯劳 *Lanius sphenocercus* Chinese Grey Shrike

（赵凯　摄）

中等鸣禽。成鸟：额基和眉纹白色，过眼纹黑色；头及上体灰色，两翼和尾黑色，翼具大型白斑，最外侧3对尾羽白色；下体纯白色。幼鸟头及上体浅灰褐色，下体具暗褐色鳞状斑纹。虹膜褐色；嘴、脚黑色。

冬候鸟。栖息于林缘及疏林地带。主要以昆虫和小型脊椎动物为食。国家"三有"保护鸟类；安徽省二级保护鸟类。

（汪湜　摄）

鸦科 Corvidae

松鸦 *Garrulus glandarius* Eurasian Jay

　　中等鸣禽。成鸟:具粗著的黑色髭纹;体羽多红棕色,尾覆羽白色;两翼和尾绒黑色,翼具蓝色斑纹。虹膜白色;嘴黑褐色;脚黄褐色。

　　留鸟。栖息于山地、丘陵以及平原岗地的林缘。杂食性,主要以昆虫、植物果实和种子为食。

（赵凯　摄）

（夏家振　摄）

（赵凯　摄）

（夏家振　摄）

灰喜鹊 *Cyanopica cyanus* Azure-winged Magpie

中等鸣禽。成鸟:头顶至后颈黑色,背、腹灰至暗灰色;两翼和尾多蓝色,中央2枚尾羽具宽阔的白色端斑。幼鸟:头黑色杂以白色斑纹。虹膜暗褐色;嘴、脚黑褐色。

留鸟。栖息于林缘、灌丛等多种生境。成群活动。主要以农林害虫为食。国家"三有"保护鸟类;安徽省一级保护鸟类。

（赵凯　摄）

（赵凯　摄）

幼鸟　（夏家振　摄）

红嘴蓝鹊 *Urocissa erythrorhyncha* Red-billed Blue Magpie

　　中大型鸣禽。成鸟：额、头侧、前颈至胸黑色，头顶至后颈白色；上体多蓝灰色；尾长而凸，紫蓝色具黑色次端斑和白色端斑；下体胸以下白色。虹膜黄色，嘴、脚红色。

　　留鸟。栖息于山地、丘陵以及平原岗地的林缘地带。成群活动。主要以昆虫以及小型脊椎动物为食，兼食植物果实和种子。国家"三有"保护鸟类；安徽省一级保护鸟类。

（汪湜　摄）

（汪湜　摄）

（吴旭东　摄）

灰树鹊 *Dendrocitta formosae* Gray Treepie

　　中等鸣禽。成鸟：额、眼先以及眼周黑色，头顶至后颈灰色；背灰褐至棕褐色，腰白色；两翼及尾黑色，翼具白色翅斑；下体烟灰色至灰白色，尾下覆羽棕黄色。虹膜红褐色；嘴、脚黑色。

　　留鸟。栖息于山地、丘陵以及平原地区的林区。成群活动。主要以浆果、坚果等为食。国家"三有"保护鸟类。

（汪湜　摄）

（唐建兵　摄）

（汪湜　摄）

喜鹊 *Pica pica* Common Magpie

中等鸣禽。成鸟：头、颈、上体大部以及尾下覆羽辉黑而具金属光泽，腹部和肩羽纯白色；两翼大部和尾羽黑色具蓝色金属光泽，初级飞羽白色。虹膜暗褐色；嘴、脚黑色。

留鸟。栖息于有高大乔木的多种生境。成小群活动。杂食性。国家"三有"保护鸟类。

（程东升　摄）

（赵凯　摄）

（汪湜　摄）

（赵凯　摄）

达乌里寒鸦 *Corvus dauuricus* Daurian Jackdaw

中等鸣禽。成鸟：头、前胸、上体黑色，具金属光泽；后颈、胸侧以及下体胸以下白色。幼鸟：在成鸟白色区域为灰色，其余体羽黑色。虹膜深褐色，嘴、脚黑色。

冬候鸟。栖息于山地、丘陵以及平原地区的多种生境。成群活动。杂食性。国家"三有"保护鸟类。

（赵冬冬 摄）

（赵凯 摄）

（赵凯 摄）

幼鸟 （夏家振 摄）

秃鼻乌鸦 *Corvus frugilegus* Rook

中等鸣禽。成鸟:通体黑色,具蓝紫色金属光泽;嘴基部裸露无羽,裸皮灰白色。虹膜深褐色;嘴、脚黑色。

冬候鸟。栖息于低山、丘陵以及平原地区的多种生境。喜集群活动。杂食性。国家"三有"保护鸟类。

（赵凯　摄）

（赵凯　摄）

小嘴乌鸦 *Corvus corone* Carrion Crow

中等鸣禽。成鸟：通体黑色，具紫蓝色金属光泽。与大嘴乌鸦的区别在于额弓低平，嘴形较细。虹膜褐色，嘴、脚黑色。

冬候鸟。栖息于低山、丘陵以及平原地区的开阔地带。集群活动。杂食性。

（赵凯 摄）

（夏家振 摄）

大嘴乌鸦 *Corvus macrorhynchos* Large-billed Crow

中大型鸣禽。成鸟：通体黑色，具紫蓝色金属光泽。与小嘴乌鸦的区别：嘴粗大，嘴峰弯曲，额突出。与秃鼻乌鸦的区别：嘴基长羽达鼻孔处。虹膜暗褐色；嘴、脚黑色。

留鸟。栖息于山地林缘等多种生境。成对或小群活动。杂食性。

（夏家振 摄）

（赵凯 摄）

白颈鸦 *Corvus torquatus* Collared Crow

　　大型鸣禽。成鸟:具醒目的白色颈圈;其余体羽黑色,具紫蓝色金属光泽。虹膜、嘴、脚黑色。

　　留鸟。栖息于丘陵、平原地区近水域的开阔地带。单独或成对活动。杂食性。IUCN近危种(NT)。

（赵凯　摄）

（赵凯　摄）

（汪湜　摄）

山雀科 Paridae

黄腹山雀 *Pardaliparus venustulus* Yellow-bellied Tit

小型鸣禽。雄鸟：头、颈以及上体大部黑色具金属光泽，颈侧和后颈具大型白斑；翼具2道白色翅斑；下体胸以下黄色。雌鸟：上体灰绿色，喉无黑色。虹膜褐色；嘴黑色；脚铅蓝色。

留鸟。栖息于各种林区。成群活动。主要以昆虫为食。国家"三有"保护鸟类。

（赵凯 摄）

雌鸟 （赵凯 摄）

雌鸟 （夏家振 摄）

雄鸟 （夏家振 摄）

大山雀 *Parus cinereus* Cinereous Tit

小型鸣禽。成鸟：头、颈黑色，头侧具大型白斑；上体蓝灰，两翼黑褐色，具1道宽阔的白色翅斑；下体胸以下白色，具黑色中央带纹。幼鸟：头灰褐色，喉部黑斑较小，中央纵纹较短。虹膜暗褐色；嘴黑色；脚黑灰色。

留鸟。栖息于多种生境。主要以昆虫为食。国家"三有"保护鸟类。

（赵凯 摄）

幼鸟 （吴海龙 摄）

（汪湜 摄）

攀雀科 Remizidae

中华攀雀 *Remiz consobrinus* Chinese Penduline Tit

　　小型鸣禽。雄鸟：额基与过眼纹黑色，头顶至后颈灰色；上体棕褐色；颏、喉白色，下体余部皮黄色。雌鸟过眼纹和耳羽棕褐色，上体沙褐色。虹膜深褐色；嘴锥形，黑褐色；脚铅蓝色。

　　冬候鸟。栖息于丘陵、平原地区近水的芦苇和柳、杨等阔叶树上。主要以昆虫为食，兼食植物嫩芽。国家"三有"保护鸟类。

雌鸟 （赵凯 摄）

雄鸟 （汪湜 摄）

雄鸟 （夏家振 摄）

百灵科 Alaudidae

云雀 *Alauda arvensis* Eurasian Skylark

小型鸣禽。成鸟：头及上体黑褐色，具浅棕色羽缘；眉纹皮黄，具短的冠羽，耳羽棕褐色；最外侧尾羽白色；胸棕褐色具黑褐色点状斑纹；下体余部白色沾棕。虹膜褐色；嘴黑灰色；脚黄褐色。

冬候鸟。栖于开阔地，善于地面奔跑。主要以昆虫和草籽为食。国家"三有"保护鸟类。

（胡云程　摄）

（赵凯　摄）

（夏家振　摄）

小云雀 *Alauda gulgula* Oriental Skylark

　　小型鸣禽，外形似云雀。但体型略小，嘴相对云雀更大；背部黑色纵纹更粗著；翼收拢时三级飞羽之外通常可见1个初级飞羽端点；鸣唱较云雀更为婉转多变。

　　留鸟。栖息于开阔的草地。主要以昆虫和植物种子为主食。国家"三有"保护鸟类。

幼鸟 （赵凯 摄）

（赵凯 摄）

（夏家振 摄）

扇尾莺科 Cisticolidae

棕扇尾莺 *Cisticola juncidis* Zitting Cisticola

小型鸣禽。成鸟夏羽：眉纹棕白色，头及上体棕褐色，杂以黑褐色斑纹；尾具显著的黑色次端斑和白色端斑；下体体侧浅棕色，余部棕白色。虹膜红褐色；上嘴暗红；脚红色。

夏候鸟。栖息于开阔草地或耕地。多成小群活动。主要以昆虫和植物种子为食。

（赵凯　摄）

山鹪莺 *Prinia crinigera* Striated Prinia

（赵凯　摄）

小型鸣禽。成鸟：头及上体灰褐色具暗褐色纵纹，腰及尾上覆羽棕褐色；尾长而凸，暗褐色具棕褐色羽缘；下体灰白至茶黄色。虹膜红褐色；上嘴黑褐色，下嘴浅黄色；脚肉色。

留鸟。栖息于山地、丘陵以及平原地区的灌木或高草丛中。主要以昆虫以及植物种子为食。

纯色山鹪莺 *Prinia inornata* Plain Prinia

小型鸣禽。成鸟:头及上体橄榄灰褐色至棕褐色;尾长而凸;两翼黑褐色,具棕褐色羽缘;下体茶黄色至白色。冬羽:上体多红棕色,下体棕褐色。虹膜黄褐色;嘴黑色;跗蹠及趾红褐色。

留鸟。栖息于高草丛、芦苇等生境。集群活动。主要以昆虫和植物种子为食。

（赵凯 摄）

（赵凯 摄）

（赵凯 摄）

（赵凯 摄）

苇莺科 Acrocephalidae

东方大苇莺 *Acrocephalus orientalis* Oriental Great Reed Warbler

　　中小型鸣禽。成鸟：眉纹灰白色，过眼纹暗褐色，耳羽灰褐色；头及上体暗褐色至灰褐色；下体白色，两胁沾棕。虹膜褐色；上嘴黑褐色，下嘴色浅；脚铅灰。

　　夏候鸟。栖息于沼泽湿地的芦苇丛中。成群活动，主要以昆虫和植物种子为食。

（吴海龙　摄）

（夏家振　摄）

（赵凯　摄）

黑眉苇莺 *Acrocephalus bistrigiceps* Black-browed Reed Warbler

　　小型鸣禽。成鸟：眉纹浅黄褐色，侧冠纹黑色宽阔，过眼纹黑褐色较细；头及上体橄榄棕褐色；两翼以及尾羽黑褐色，具棕褐色羽缘；下体黄白色。虹膜黄褐色；上嘴黑褐色，下嘴黄褐色；脚暗红褐色。

　　栖息于近水的芦苇丛和高草地。成小群活动，主要以昆虫为食，兼食植物种子。国家"三有"保护鸟类。

（夏家振　摄）

（夏家振　摄）

（李永明　摄）

燕科 Hirundinidae

淡色崖沙燕 *Riparia diluta* Pale Martin

　　小型鸣禽。翅狭长,口裂深,似家燕,但尾叉浅。成鸟:头及上体暗灰褐色;下体白色,胸部具宽阔的暗褐色带纹。幼鸟上体具浅色羽缘。嘴、脚黑色。

　　留鸟。栖息于河流、湖泊等水域附近。成群在水面上空捕食昆虫。国家"三有"保护鸟类;安徽省一级保护鸟类。

（赵凯　摄）

（赵凯　摄）

（夏家振　摄）

家燕 *Hirundo rustica* Barn Swallow

　　小型鸣禽。成鸟：前额和喉深栗色，头顶及上体钢蓝色具金属光泽；尾深叉型，具色次端斑；上胸具黑褐色带纹，胸以下白色。虹膜褐色；嘴、脚黑色。

　　夏候鸟。栖息于村庄附近的田野等开阔生境。集群活动，善飞行捕食昆虫。国家"三有"保护鸟类；安徽省一级保护鸟类。

（夏家振　摄）

（赵凯　摄）

（赵凯　摄）

烟腹毛脚燕 *Delichon dasypus* Asian House Martin

小型鸣禽。体形似家燕,头及上体钢蓝色;但颏、喉、腰以及尾上覆羽白色,尾叉浅;脚和趾均覆有白色绒羽。虹膜褐色;嘴黑色。

旅鸟。栖息于山地多崖的林缘上空。单独或成小群活动,善在高空飞行捕食昆虫。国家"三有"保护鸟类;安徽省一级保护鸟类。

（赵凯 摄）

（刘子祥 摄）

（夏家振 摄）

（刘子祥 摄）

金腰燕 *Cecropis daurica* Red-rumped Swallow

　　小型鸣禽。成鸟似家燕：头及上体钢蓝色，尾深叉。但后颈两侧、腰棕栗色；下体白色，具黑褐色纵纹；颏、喉无栗色，尾无白色斑点。虹膜暗褐色；嘴黑褐色；脚暗红褐色。

　　夏候鸟。栖息于居民点及其附近的开阔地。集群活动，善捕食飞行中的昆虫。国家"三有"保护鸟类；安徽省一级保护鸟类。

（夏家振　摄）

（赵凯　摄）

（赵凯　摄）

鹎科 Pycnonotidae

领雀嘴鹎 *Spizixos semitorques* Collared Finchbill

　　中等鸣禽。成鸟：头黑色，头侧杂以白色细纹；上体橄榄绿色，尾羽具宽阔黑褐色端斑；颏、喉黑色，前颈具白色半领环；胸以下橄榄绿至黄色。嘴短粗，浅黄色；虹膜棕褐色；脚暗红色。幼鸟无白色半领环。

　　留鸟。主要栖息于林缘灌丛。多小群活动。杂食性。国家"三有"保护鸟类。

幼鸟 （程东升 摄）

（赵凯 摄）

（夏家振 摄）

黄臀鹎 *Pycnonotus xanthorrhous* Brown-breasted Bulbul

（汪湜　摄）

中等鸣禽。成鸟：头黑色，耳羽灰褐色；上体橄榄褐色；颏、喉白色，尾下覆羽鲜黄，下体余部污白色。虹膜褐色；嘴黑色，下嘴基部有一红色点斑；脚黑色。

留鸟。栖息于山地、丘陵地区的林缘灌丛。主要以昆虫、植物的果实、种子等为食。国家"三有"保护鸟类。

（夏家振　摄）

白头鹎 *Pycnonotus sinensis* Chinese Bulbul

中等鸣禽。成鸟:额至头顶黑色,后头白色,耳羽灰色;上体灰褐沾绿;颏、喉纯白色,胸及两胁灰褐色,腹以下白色。幼鸟:头及上体灰色,后头无白斑。虹膜褐色;嘴、脚黑色。

留鸟。栖息于各种生境中。性活泼、不畏人。杂食性。国家"三有"保护鸟类。

（赵凯 摄）

幼鸟 （赵凯 摄）

（夏家振 摄）

栗背短脚鹎 *Hemixos castanonotus* Chestnut Bulbul

　　中等鸣禽。成鸟:头顶褐黑,头侧及上体栗色;两翼和尾暗褐色;颏、喉以及尾下覆羽纯白,胸、腹灰白色。虹膜褐色;嘴、脚黑色。

　　留鸟。栖息于山地、丘陵地区的林缘。主要以植物性食物为食,兼食昆虫。国家"三有"保护鸟类。

（夏家振　摄）

（夏家振　摄）

（夏家振　摄）

绿翅短脚鹎 *Hypsipetes mcclellandii* Green-winged Bulbul

中等鸣禽。成鸟:额、头顶至后颈栗褐色,杂以白色细纹;上体暗灰色,两翼和尾橄榄绿色;头侧、颈侧以及下体大部棕色,颏、喉灰色杂以白色细纹。虹膜棕色;嘴黑褐色;脚红褐色。

留鸟。栖息于山地、丘陵地区阔叶林或针阔混交林中。多小群活动。杂食性。国家"三有"保护鸟类。

（赵凯 摄）

（赵凯 摄）

（赵凯 摄）

黑短脚鹎 *Hypsipetes leucocephalus* Black Bulbul

　　中等鸣禽。成鸟：嘴、脚红色；头、颈白色，其余体羽黑色。幼鸟通体黑灰色，头部颜色随年龄增长而逐渐变白。

　　夏候鸟。栖息于山地、丘陵地区以及平原岗地的常绿阔叶林。成对或小群活动。主要以昆虫为食，兼食植物果实和种子。国家"三有"保护鸟类。

（汪湜　摄）

（赵凯　摄）

（汪湜　摄）

柳莺科 Phylloscopidae

褐柳莺 *Phylloscopus fuscatus* Dusky Warbler

小型鸣禽。成鸟:眉纹前端白色而后段棕色,过眼纹暗褐色;头及上体暗褐色,两翼无白色翅斑;下体污白色,两胁和尾下覆羽沾黄。虹膜褐色;上嘴黑褐色,下嘴黄褐色;脚红褐色。

旅鸟。栖息于近水的林缘灌丛。主要以昆虫为食,兼食植物种子。国家"三有"保护鸟类。

(夏家振 摄)

巨嘴柳莺 *Phylloscopus schwarzi* Radde's Warbler

(李永民 摄)

小型鸣禽。似褐柳莺:头及上体橄榄褐色,翼无白色翅斑。但本种嘴短粗,眉纹前端棕黄色而后端白色;下体胸以下黄绿色,尾下覆羽棕黄色。虹膜褐色;嘴黑褐色;脚红褐色。

旅鸟。栖息于林缘灌丛。主要以昆虫为食,兼食植物种子。国家"三有"保护鸟类。

黄腰柳莺 *Phylloscopus proregulus* Pallas's Leaf Warbler

　　小型鸣禽。成鸟：眉纹长黄绿色，顶冠纹浅黄色，过眼纹暗褐色；头及上体橄榄绿色，腰柠檬黄色；翼具2道白色翅斑，三级飞羽具宽阔的白色羽缘；下体多白色，尾下覆羽浅黄色。虹膜褐色；上嘴黑色，下嘴黄褐色；脚红褐色。

　　冬候鸟。栖息于林缘灌丛等多种生境。主要以昆虫为食，兼食植物种子。国家"三有"保护鸟类。

（赵凯　摄）

（赵凯　摄）

（赵凯　摄）

黄眉柳莺 *Phylloscopus inornatus* Yellow-browed Warbler

　　小型鸣禽。似黄腰柳莺：头及上体橄榄绿色，具2道白色翅斑，三级飞羽羽缘白色。但本种腰与背同色，顶冠纹不清晰。虹膜褐色；上嘴黑褐色，下嘴黄褐色；脚红褐色。

　　旅鸟。栖息于林缘灌丛。主要以昆虫为食。国家"三有"保护鸟类。

（赵凯　摄）

（赵凯　摄）

（赵凯　摄）

极北柳莺 *Phylloscopus borealis* Arctic Warbler

（吴海龙　摄）

小型鸣禽。无顶冠纹，三级飞羽羽缘非白色。成鸟：眉纹黄白色，过眼纹黑褐色；头及上体灰橄榄绿色，翼具1~2道翅斑；下体白色，两胁褐橄榄色。虹膜褐色；嘴黑褐色，下嘴基部黄色；脚暗红褐色。

旅鸟。栖息于林缘灌丛。主要以昆虫为食。国家"三有"保护鸟类。

淡脚柳莺 *Phylloscopus tenellipes* Pale-legged Leaf Warbler

小型鸣禽。脚粉色。眉纹白色，无顶冠纹；头暗灰色，上体深橄榄褐色；翼具1~2道不太清晰的浅色翅斑，三级飞羽无白色羽缘。虹膜褐色；嘴黑褐色，下嘴基粉色。

旅鸟。栖息于针叶林或混交林的林下灌丛。主要以昆虫和植物种子为食。国家"三有"保护鸟类。

（薄顺奇　摄）

冕柳莺 *Phylloscopus coronatus* Eastern Crowned Warbler

　　小型鸣禽。成鸟：眉纹黄白色，顶冠纹灰白色，过眼纹黑褐色；头及上体橄榄绿色，翼具1道黄白色翅斑；下体多白色，尾下覆羽柠檬黄色。虹膜深褐色；上嘴黑褐色先端具钩，下嘴浅黄色；脚黄褐色。

　　旅鸟。栖息于阔叶林的树冠层。主要以昆虫为食。国家"三有"保护鸟类。

（程东升　摄）

（程东升　摄）

（夏家振　摄）

冠纹柳莺 *Phylloscopus reguloides* Blyth's Leaf Warbler

小型鸣禽。成鸟：眉纹黄白色，顶冠纹灰白色，过眼纹黑褐色；头、颈暗褐沾绿，上体橄榄绿色；翼具2道明显的白色翅斑，最外侧2枚尾羽先端白色；下体白色沾黄。虹膜褐色；上嘴黑褐色，下嘴粉红；脚赭褐色。

夏候鸟。栖息于山地、丘陵地区的树冠层。多单独活动。主要以昆虫为食。国家"三有"保护鸟类。

（赵凯 摄）　　　　　　　　　　（李永民 摄）

淡尾鹟莺 *Seicercus soror* Plain-tailed Warbler

小型鸣禽。成鸟眼圈黄白色，额橄榄绿色；头顶灰色，具宽阔的黑色侧冠纹；上体橄榄绿色，下体鲜黄色。虹膜褐色；上嘴黑褐色，下嘴红褐色；脚红褐色。

夏候鸟。栖息于山地常绿或落叶阔叶林的林下灌丛。主要以昆虫为食。

（赵凯 摄）　　　　　　　　　　（赵凯 摄）

栗头鹟莺 *Seicercus castaniceps* Chestnut-crowned Warbler

小型鸣禽。成鸟:眼圈白色,额、头顶栗色,具较细的黑色侧冠纹;头侧、后颈、颈侧灰色;上体黄绿色,腰鲜黄色;翼具2道明显的白色翅斑;胸浅灰色,下体余部鲜黄色。虹膜褐色;上嘴黑褐色,下嘴黄色;脚黄褐色。

夏候鸟。栖于山地常绿阔叶林或竹林。多成群活动。主要以昆虫为食,兼食植物种子。

(赵凯 摄)

(范宣麟 摄)

树莺科 Cettiidae

棕脸鹟莺 *Abroscopus albogularis* Rufous-faced Warbler

（赵凯 摄）

　　小型鸣禽。成鸟：头及后颈棕黄色，头侧具黑色侧冠纹；上体黄绿色，颏、喉黑色杂以白色斑纹，下体余部白色，胸部沾黄。虹膜褐色；上嘴黑褐色，下嘴黄色；脚暗红褐色。

　　留鸟。栖息于山地、丘陵以及平原岗地的林下灌丛。多成群活动，主要以昆虫为食。

（赵凯 摄）

远东树莺 *Horornis canturians* Manchurian Bush Warbler

　　小型鸣禽。成鸟:眉纹棕白色,过眼纹黑褐色;额、头红棕色,上体多棕褐色;下体多污白色,体侧以及两胁沾黄。虹膜暗褐色;嘴黑褐色;脚红褐色。

　　夏候鸟。栖息于林缘灌丛。多单独活动。主要以昆虫为食。鸣唱以颤音开始,继以短促的爆破音"gulululu-chiweiyou"。

（吴海龙　摄）

强脚树莺 *Horornis fortipes* Brown-flanked Bush Warbler

　　小型鸣禽。似远东树莺,但本种头及上体灰褐至橄榄褐色,体羽红棕色相对较少;叫声明显不同,以连续而渐高的哨音开始,以2或3音节清晰的哨音结束"wooo-diweidi"或"wooo-diwei"。幼鸟:体羽橄榄黄绿色。虹膜褐色;上嘴黑褐色,下嘴黄褐色;脚红褐色。

　　留鸟。广泛分布,栖息于树冠或林下灌丛。主要以昆虫和植物种子为食。

（夏家振　摄）

鳞头树莺 *Urosphena squameiceps* Asian Stubtail

　　小型鸣禽。成鸟:尾羽极短,具显著的白色眉纹和黑褐色过眼纹;头棕褐色,具深色鳞状斑纹;上体橄榄褐色;体侧和两胁灰褐色,尾下覆羽皮黄色。虹膜褐色;嘴黑褐色;脚粉色。

　　旅鸟。栖息于山地、丘陵以及平原地区的林缘灌丛。主要以昆虫为食。国家"三有"保护鸟类。

（朱英　摄）

长尾山雀科 Aegithalidae

银喉长尾山雀 *Aegithalos glaucogularis* Sliver-throated Bushtit

（赵凯 摄）

小型鸣禽。成鸟：眼先棕栗色，头顶黑色具白色中央纵纹；上体灰色，翼覆羽黑褐色；尾长黑色，外侧尾羽羽缘白色；喉中央具黑斑，下体白色沾红，尾下覆羽红色。虹膜褐色；嘴黑色；脚红褐色。幼鸟：胸棕栗色。

留鸟。栖息于针叶林或针、阔混交林。主要以昆虫为食。国家"三有"保护鸟类。

（赵凯 摄）

红头长尾山雀 *Aegithalos concinnus* Black-throated Bushtit

　　小型鸣禽。头顶至后颈红褐色,头侧黑色;上体暗蓝灰,外侧尾羽具白色端斑;喉白色,中央有一大型黑色块斑,胸、两胁以及尾下覆羽栗红色,腹部白色。虹膜黄色;嘴蓝黑色,跗蹠及趾橘黄色。幼鸟后颈色浅,喉无黑斑。

　　留鸟。栖息于林、灌等多种生境。集群活动,主要以昆虫为食。国家"三有"保护鸟类。

（赵凯　摄）

幼鸟　（赵凯　摄）

（吴海龙　摄）

莺鹛科 Sylviidae

棕头鸦雀 *Sinosuthora webbianua* Vinous-throated Parrotbill

　　小型鸣禽。成鸟：头、后颈至上背红棕色，上体余部灰褐色；飞羽外侧羽缘红棕色；下体胸以上白色沾粉，胸以下褐色沾黄。虹膜褐色；嘴基黑而端部色浅；脚红褐色。

　　留鸟。栖息于林缘灌丛或沟渠附近的草丛。成群活动。杂食性。

幼鸟　（程东升　摄）

（赵凯　摄）

（汪湜　摄）

灰头鸦雀 *Psittiparus gularis* Grey-headed Parrotbill

中小型鸣禽。成鸟：头灰色，眉纹黑色长达颈侧；上体棕褐色；下体白色，喉中央黑色。虹膜红褐色；嘴橘黄色；脚铅灰色。

留鸟。栖息于山地、丘陵地区的森林以及林缘灌丛。成群活动。主要以昆虫及其幼虫为食，兼食植物果实和种子。国家"三有"保护鸟类。

（周科　摄）

（杜政荣　摄）

（汪湜　摄）

绣眼鸟科 Zosteropidae

栗耳凤鹛 *Yuhina castaniceps* Striated Yuhina

（赵凯 摄）

小型鸣禽。成鸟：头顶暗褐色杂以白色羽干纹，具短羽冠；头侧耳羽、颈侧至后颈棕栗色，杂以白色羽干纹；上体以及两翼橄榄褐色，下体灰白色。虹膜红褐色；嘴黑褐色；脚红褐色。

旅鸟。栖息于山地、丘陵地区的常绿阔叶林。性喜集群，多于树冠下层活动。主要以昆虫为食。国家"三有"保护鸟类。

（赵凯 摄）

暗绿绣眼鸟 *Zosterops japonicus* Japanese White-eye

小型鸣禽。成鸟:眼周被白色绒状短羽,眼先有一黑色细纹;头、颈黄绿色,上体橄榄绿色,喉及尾下覆羽柠檬黄色,下体余部灰白色。虹膜橙褐色;嘴黑微下弯;脚铅灰色。

夏候鸟。栖息于阔叶林或针阔混交林。成群活动,主要以昆虫为食。国家"三有"保护鸟类。

(赵凯 摄)

(赵凯 摄)

林鹛科 Timaliidae

华南斑胸钩嘴鹛 *Erythrogenys swinhoei* Grey-sided Scimitar Babbler

（吴海龙 摄）

中等鸣禽。成鸟：嘴细长而下弯，眼先与下颊纹白色；额基、耳羽和颊红褐色，头顶至后颈棕褐色；上体大部栗红色，腰橄榄褐色；胸以上白色具黑色粗纵纹，尾下覆羽红棕色。虹膜浅黄色；嘴灰褐色；脚暗红褐色。

留鸟。栖息于山地、丘陵地区的矮树灌丛。多小群活动。主要以昆虫、植物果实和种子为食。

（夏家振 摄）

棕颈钩嘴鹛 *Pomatorhinus ruficollis* Streak-breasted Scimitar Babbler

中小型鸣禽。成鸟：嘴长而微下弯,眉纹长而白,眼先、过眼纹黑色;头顶、后颈以及上体橄榄褐色沾棕,颈侧棕红色;颏、喉白色,胸棕褐色具白色纵纹,下体余部橄榄褐色。虹膜褐色;上嘴黑色,下嘴黄色;脚铅褐色。

留鸟。栖息于山地、丘陵地区的林下灌丛中。多小群活动。主要以昆虫为食,兼食植物果实和种子。

幼鸟 （赵凯 摄）

（程东升 摄）

（汪湜 摄）

红头穗鹛 *Cyanoderma ruficeps* Rufous-capped Babbler

（吴海龙　摄）

小型鸣禽。成鸟：额、头顶棕红色，头侧茶黄；后颈以及上体橄榄褐色沾绿；颏、喉黄色，具黑色细纹；下体余部橄榄黄绿色。虹膜红褐色；嘴黑褐色；脚黄褐色。

留鸟。栖息于山地、丘陵地区的林下或林缘灌丛中。多小群活动。主要以昆虫为食，兼食植物果实与种子。

（夏家振　摄）

幽鹛科 Pellorneidae

灰眶雀鹛 *Alcippe morrisonia* Grey-cheeked Fulvetta

　　小型鸣禽。成鸟：眼圈白色，头、颈暗灰色，头侧具黑褐色纵纹；上体橄榄褐色，下体胸、腹灰白，两胁和尾下覆羽皮黄。虹膜暗红褐色；嘴黑色；脚红褐色。

　　留鸟。栖息于山地、丘陵地区林缘灌丛中。性喜群栖。主要以昆虫及其幼虫为食，兼食植物果实、种子。

（赵凯　摄）

（赵凯　摄）

（周科　摄）

（周科　摄）

噪鹛科 Leiothrichidae

画眉 *Garrulax canorus* Hwamei

（汪湜　摄）

中等鸣禽。成鸟：眼圈及眼后眉纹白色，头及上体橄榄褐色；下体多棕黄色，喉至胸具黑褐色纵纹，腹中央蓝灰色。虹膜黄色；嘴黄色；脚红褐色。

留鸟。栖息于山地、丘陵以及平原岗地的矮树、灌丛。主要以昆虫为食，兼食植物果实和种子。国家"三有"保护鸟类；安徽省二级保护鸟类；CITES附录Ⅱ。

（赵凯　摄）

（杜政荣　摄）

灰翅噪鹛 *Garrulax cineraceus* Moustached Laughingthrush

中等鸣禽。成鸟：眼先和眼下方灰白色，头顶至后颈黑色；体羽大部橄榄棕褐色；飞羽和尾羽具黑色次端斑和白色端斑，外侧飞羽羽缘蓝灰色。虹膜白色；上嘴黑褐色，下嘴浅黄色；脚红褐色。

留鸟。栖息于山地各种林型中。小群活动。主要以昆虫为食，兼食植物果实和种子。国家"三有"保护鸟类。

（朱英　摄）

棕噪鹛 *Garrulax berthemyi* Buffy Laughingthrush

中等鸣禽。成鸟：额基黑色，眼周裸皮蓝色；头、颈、胸、上体大部赭褐色，头顶具狭细的黑色条纹；飞羽外侧羽缘以及中央尾羽棕栗色；腹和两胁灰白色，尾下覆羽纯白色。虹膜褐色；嘴基蓝黑色，端部黄色；脚蓝黑色。

留鸟。栖息于山地阔叶林及竹林的中下层。小群活动，主要以昆虫、植物的果实和种子为食。国家"三有"保护鸟类。

（胡云程　摄）

黑脸噪鹛 *Garrulax perspicillatus* Masked Laughingthrush

　　中等鸣禽。成鸟：头、颈褐灰色，头侧黑色；上体灰褐色，中央尾羽棕褐色，外侧尾羽黑褐色；胸、腹白色沾棕，尾下覆羽棕黄色。虹膜褐色；嘴黑褐色；脚红褐色。

　　留鸟。栖息于近水的林缘灌丛。多小群活动。主要以昆虫为主，兼食植物果实和种子。鸣声为洪亮的单音节"啾、啾"。国家"三有"保护鸟类。

（赵凯　摄）

（赵凯　摄）

（赵凯　摄）

小黑领噪鹛 *Garrulax monileger* Lesser Necklaced Laughingthrush

中等鸣禽。成鸟：两侧下颊纹与胸带相连构成醒目的黑色领环；眉纹白色，耳羽灰白色；头顶褐色沾棕，后颈及体侧棕红色；上体多橄榄褐色；下体余部白色沾棕。虹膜黄色；嘴黑褐色；脚赭褐色。

留鸟。栖息于山地、丘陵地区的常绿阔叶林或林下灌丛。常与黑领噪鹛混群。主要以昆虫以及植物的果实和种子为食。国家"三有"保护鸟类。

（汪湜 摄）

（汪湜 摄）

黑领噪鹛 *Garrulax pectoralis* Greater Necklaced Laughingthrush

（赵凯 摄）

中等鸣禽。似小黑领噪鹛，与其主要区别在于：眼先棕白色而非黑色；耳羽白色杂以黑色纵纹；胸带黑色沾灰，多数个体在胸部中断。虹膜褐色而非黄色。

留鸟。习性与小黑领噪鹛相似，混群活动。主要以昆虫以及植物的果实和种子为食。国家"三有"保护鸟类。

（汪湜 摄）

白颊噪鹛 *Garrulax sannio* White-browed Laughingthrush

中等鸣禽。成鸟:眉纹与下颊白色,二者在眼先相连;耳羽褐黑,头顶栗褐色,后颈、颈侧以及上体灰褐至橄榄褐色,尾羽棕褐色;喉栗褐色,尾下覆羽红棕色,下体余部灰褐色。虹膜褐色;嘴黑褐色;脚红褐色。

留鸟。栖息于山地、丘陵地区的矮树、灌丛。小群活动,主要以昆虫为食,兼食植物果实和种子。国家"三有"保护鸟类。

(赵凯 摄)

(赵凯 摄)

(赵凯 摄)

红嘴相思鸟 *Leiothrix lutea* Red-billed Leiothrix

　　小型鸣禽。成鸟：嘴红色，眼先黄色，耳羽浅灰；头顶至后颈黄绿色，上体灰褐沾绿；尾叉状，翼具红色翅斑和黄色羽缘；胸橙红色，下体余部浅黄色，两胁沾灰。虹膜褐色；嘴红色；脚粉红色。

　　留鸟。栖息于山地、丘陵地区的常绿和针阔混交林中。成群活动，主要以昆虫为食，兼食植物果实和种子。国家"三有"保护鸟类；安徽省一级保护鸟类；CITES附录Ⅱ。

（汪湜　摄）

（汪湜　摄）

（赵凯　摄）

鸸科 Sittidae

普通鸸 *Sitta europaea* Eurasian Nuthatch

　　小型鸣禽。成鸟：黑色过眼纹向后延伸达颈侧，头顶、后颈以及上体蓝灰色；下体多皮黄色，尾下覆羽栗色具白色端斑。虹膜褐色；嘴黑色；脚暗褐色。

　　留鸟。栖息于山地阔叶林或混交林。能沿树干向上或向下攀行。主要以昆虫为食，兼食植物果实和种子。

（赵凯　摄）

鹪鹩科 Troglodytidae

鹪鹩 *Troglodytes troglodytes* EurasianWren

　　小型鸣禽。成鸟：具白色细眉纹，尾短小而常上翘；体羽多棕褐色，各羽均具暗褐色横纹。虹膜暗褐色；上嘴黑褐色，下嘴黄褐色；脚暗红褐色。

　　旅鸟。栖息于林缘灌丛。多单独活动。主要以昆虫为食。鸣声洪亮、急促而多变。国家"三有"保护鸟类。

（唐建兵　摄）

河乌科 Cinclidae

褐河乌 *Cinclus pallasii* Brown Dipper

中等鸣禽。成鸟：尾短，通体棕褐色；两翼和尾黑褐色，具蓝色金属光泽。虹膜黄褐色；嘴黑色；脚铅灰色。幼鸟体羽羽缘棕褐色，形成鳞状斑纹。

留鸟。栖息于山溪附近。能潜水行走，飞行时常沿溪流贴水面飞行。以水生昆虫和小型鱼类为食。国家"三有"保护鸟类。

幼鸟 （汪湜 摄）

（赵凯 摄）

椋鸟科 Sturnidae

八哥 *Acridotheres cristatellus* Crested Myna

中等鸣禽。成鸟：通体黑色，额基具耸立的簇状长羽；翼具白色翅斑，尾下覆羽具白色端斑。虹膜橙黄色（幼鸟浅黄色）；嘴浅黄色；跗蹠及趾黄色。幼鸟似雄鸟，但额基部簇状长羽不明显。

留鸟。栖息于山地、丘陵以及平原地区的村落及其附近开阔地。多成小群活动，杂食性。国家"三有"保护鸟类。

（程东升　摄）

（杜政荣　摄）

（赵凯　摄）

丝光椋鸟 *Sturnus sericeus* Silky Starling

中等鸣禽。雄鸟：头、颈具白色披散的毛状羽，颈基部具深灰色领环；上体蓝灰至浅灰色；初级飞羽基部具大型白斑；下体多浅灰色。雌鸟头及上体灰褐色。虹膜暗褐色；嘴、脚红色。

留鸟。栖息于山地、丘陵以及平原地区的林地、果园及农耕区。集群活动，杂食性。国家"三有"保护鸟类。

雌鸟 （汪湜 摄）

雄鸟 （赵凯 摄）

左雄右雌 （汪湜 摄）

灰椋鸟 *Sturnus cineraceus* White-cheeked Starling

 中等鸣禽。成鸟：头、颈、胸黑色，前头杂有白色细纹；颊白色杂以黑色细纹；上体多灰褐至暗褐色；尾上覆羽白色，尾羽具白色端斑；下体胸以下暗灰色，尾下覆羽白色。雌鸟头及上体羽色浅。虹膜褐色；嘴、脚红色。

 留鸟。栖息于居民点及其附近开阔的地带。成群活动，杂食性。国家"三有"保护鸟类。

雄鸟 （汪湜 摄）

幼鸟 （赵凯 摄）

雌鸟 （杜政荣 摄）

黑领椋鸟 *Gracupica nigricollis* Black-collared Starling

中等鸣禽。成鸟：头白色，眼周裸皮金黄色；具宽阔的黑色颈环；上体多黑褐色，翼具白色翅斑，尾羽具白色端斑；下体余部污白色。幼鸟无黑色颈环。虹膜黄色；嘴黑色；脚黄色。

留鸟。栖息于开阔的草地、农田、灌丛等生境。小群活动，杂食性。国家"三有"保护鸟类。

（赵凯　摄）

（赵凯　摄）

右侧幼鸟　（程东升　摄）

鸫科 Turdidae

橙头地鸫 *Geokichla citrina* Orange-headed Thrush

（夏家振　摄）

中等鸣禽。雄鸟：头、颈以及下体大部橙黄色，头侧具2条黑褐色弧形斑纹；上体蓝色，翼具白色翅斑。雌鸟上体橄榄褐色。虹膜褐色；嘴角质灰色；脚粉色。

夏候鸟。栖息于山地、丘陵地区的常绿阔叶林林下。单独或成对活动，主要以昆虫为食。国家"三有"保护鸟类。

（夏家振　摄）

白眉地鸫 *Geokichla sibirica* Siberian Thrush

中等鸣禽。雄鸟：通体石板灰色，眉纹白色宽阔；两翼和尾黑色，外侧尾羽端部白色；腹中央黄白色，尾下覆羽白色。雌鸟：头及上体橄榄褐色，翼具2道皮黄色翅斑；下体皮黄具麻黄色鳞状斑纹。虹膜褐色；嘴黑色；脚黄色。

旅鸟。栖息于山地、丘陵地区的林下。主要以昆虫为食。国家"三有"保护鸟类。

雄鸟（袁晓 摄）

雌鸟（朱英 摄）

虎斑地鸫 *Zoothera aurea* White's Thrush

（汪湜 摄）

中等鸣禽。成鸟：头及上体黄褐色，下体黄白色，均具粗著的黑褐色鳞状斑纹。虹膜褐色；上嘴黑褐色；脚红褐色。

冬候鸟。栖息于山地、丘陵地区的林下。单独或成对活动，杂食性。国家"三有"保护鸟类。

（夏家振 摄）

灰背鸫 *Turdus hortulorum* Grey-backed Thrush

中等鸣禽。雄鸟：头、颈胸浅灰色，上体青石板灰色，下胸、两胁橙黄色，腹以下白色沾棕。雌鸟：头及上体灰褐色；胸以上灰白色，具黑褐色点状斑纹；两胁橙红色，无黑色斑点。虹膜褐色；雄鸟嘴黄褐色，雌鸟黑褐色；脚粉红色。

冬候鸟。栖息于林下灌丛。主要以昆虫及其幼虫为食。国家"三有"保护鸟类。

雌鸟 （张忠东 摄）

雄鸟 （赵凯 摄）

乌鸫 *Turdus mandarinus* Chinese Blackbird

幼鸟 （汪湜 摄）

中等鸣禽。雄鸟：通体黑色具金属光泽。雌鸟：头及上体棕褐色，颏、喉白色杂以褐色细纹。眼圈黄色，虹膜褐色；嘴黄色；脚黑褐色。幼鸟下体棕白色，杂以暗褐色斑纹。嘴、脚黑褐色。

留鸟。栖息于林缘、居民点等多种生境。冬季集群。杂食性。

（诸立新 摄）

白眉鸫 *Turdus obscures* White-browed Thrush

中等鸣禽。成鸟：眉纹白色，眼下具白斑；头及上体暗褐至橄榄褐色；胸和两胁橙黄色，腹以下白色。虹膜褐色；上嘴黑褐色，下嘴基部黄色；脚黄褐色。

旅鸟。栖息于山地、丘陵地区的林下或林缘开阔地。单独或成对活动，杂食性。

（夏家振　摄）

（夏家振　摄）

白腹鸫 *Turdus pallidus* Pale Thrush

（夏家振　摄）

中等鸣禽。雄鸟：头、颈黑灰色，上体棕褐色；尾羽黑褐色，外侧尾羽具白色端斑；胸和两胁橙棕色，下体余部白色。雌鸟头、颈与上体同色，下颊纹白色。虹膜褐色；上嘴黑褐色，下嘴黄色；脚黄褐色。

冬候鸟。栖息于林下。杂食性。国家"三有"保护鸟类。

（赵凯　摄）

红尾斑鸫 *Turdus naumanni* Naumann's Thrush

中等鸣禽。成鸟：眉纹棕白色，耳羽灰色，髭纹黑褐色；头及上体灰褐至暗褐色，颈侧、胸以及体侧红棕色，腹部以下白色。雌鸟眉纹白色，下体棕色较浅。虹膜暗褐色；上嘴黑褐色，下嘴基本黄色；脚黄褐色。

冬候鸟。栖息于林缘开阔地带。常与斑鸫混群，杂食性。国家"三有"保护鸟类。

（赵凯 摄）

斑鸫 *Turdus eunomus* Dusky Thrush

中等鸣禽。似红尾鸫，但白色眉纹粗著，耳羽黑褐色，颊白色杂以黑色细纹，头顶及上体黑褐色，下体白色，胸和两胁密布黑色斑纹。虹膜褐色；嘴黑色，下嘴基部黄色；脚褐色。

冬候鸟。栖息于林缘开阔地。集群活动，杂食性。国家"三有"保护鸟类。

（赵凯 摄）

鹟科 Muscicapidae

红尾歌鸲 *Luscinia sibilans* Red-tailed Robin

（唐建兵 摄）

小型鸣禽。雄鸟：眼圈白色，眉纹短仅限于眼前方；头顶至后颈棕褐色，上体橄榄褐色；飞羽羽缘和尾羽红棕色；下体污白，胸具网状斑纹。雌鸟似雄鸟，体羽多橄榄绿色而少棕褐色。虹膜褐色；嘴黑色；脚粉红色。

旅鸟。栖息于林下灌丛、林缘。主要以昆虫为食。国家"三有"保护鸟类。

（赵凯 摄）

蓝歌鸲 *Larvivora cyane* Siberian Blue Robin

　　小型鸣禽。雄鸟：头及上体铅蓝色，头侧、颈侧至胸侧有一黑色带纹；两翼黑褐色，下体白色。雌鸟：头及上体橄榄褐色，尾上覆羽蓝色；胸及两胁柠檬黄色，具鳞状斑纹，下体余部白色。虹膜褐色；嘴黑色；脚红色。

　　旅鸟。栖于山地、丘陵地区的林下。主要以昆虫为食。国家"三有"保护鸟类。

雌鸟 （薄顺奇 摄）

雄鸟 （汪湜 摄）

红喉歌鸲 *Calliope calliope* Siberian Rubythroat

小型鸣禽。俗称红点颏。雄鸟:颏、喉赤红色;具醒目的白色眉纹和颊纹,头及上体橄榄褐色,胸和两胁与背同色,下体余部白色。雌鸟喉部白色,两翼和尾外侧羽缘红棕色。虹膜褐色;嘴黑褐色;脚暗红褐色。

旅鸟。栖息于近水的灌丛、芦苇等生境。主要以昆虫为食。国家"三有"保护鸟类。

雄鸟 (夏家振 摄)　　　　　　　雌鸟 (袁晓 摄)

蓝喉歌鸲 *Luscinia svecica* Bluethroat

小型鸣禽。俗称蓝点颏。雄鸟:眉纹白色,喉蓝色,中央具栗斑,下方缘以黑色和栗色胸带;头及上体灰褐色;尾黑色,尾基部两侧栗色;下体余部白色。雌鸟头顶黑褐色,颏、喉白色,颈侧与胸部具黑色斑纹。虹膜暗褐色;嘴黑色;脚暗红。旅鸟。

栖息于近水的灌丛或芦苇丛中。主要以昆虫为食。国家"三有"保护鸟类。

雄鸟 (夏家振 摄)　　　　　　　雌鸟 (夏家振 摄)

红胁蓝尾鸲 *Tarsiger cyanurus* Orange-flanked Bluetail

小型鸣禽。雄鸟:头及上体蓝色沾灰;颏、喉棕白色,胸侧和两胁橙红色,尾下覆羽纯白。雌鸟:头、颈、背橄榄褐色,腰至尾上尾羽浅蓝色;胸侧和两胁橙红色。虹膜褐色;嘴黑色;脚暗红褐色。

冬候鸟。栖息于林下、灌丛。主要以昆虫为食。国家"三有"保护鸟类。

雌鸟 （诸立新 摄）

雄鸟 （赵凯 摄）

鹊鸲 *Copsychus saularis* Oriental Magpie Robin

中等鸣禽。雄鸟：头、颈、胸以及上体黑色，具金属光泽；翼具大型白色带斑，外侧尾羽纯白色；下体余部白色。雌鸟头、颈、胸暗灰色。幼鸟：胸具点状斑纹。

留鸟。栖息于居民点附近的各种生境。主要以昆虫为食。国家"三有"保护鸟类。

雌鸟 （杜政荣 摄）

幼鸟 （汪湜 摄）

雄鸟 （薛辉 摄）

北红尾鸲 *Phoenicurus auroreus* Daurian Redstart

　　小型鸣禽。雄鸟：头顶至上背灰白色，额、头侧、颈侧、颏、喉以及下背和肩黑色；腰以下以及下体大部红棕色；外侧尾羽红棕色，翼具白色翅斑。雌鸟：头及上体橄榄褐色，腰、尾上覆羽以及外侧尾羽红棕色，下体灰白沾棕。虹膜褐色；嘴、脚黑色。

　　留鸟。栖息于林缘及林下灌丛。主要以昆虫为食，兼食植物果实和草种。国家"三有"保护鸟类。

幼鸟　（赵凯　摄）

雌鸟　（赵凯　摄）

雄鸟　（汪湜　摄）

红尾水鸲 *Rhyacornis fuliginosus* Plumbeous Water Redstart

小型鸣禽。雄鸟:通体铅蓝色,下体羽色略浅;尾及尾覆羽栗红色。雌鸟:头及上体灰褐色,翼具白色斑点;尾羽基部以及尾覆羽白色;下体浅灰具鳞状纹。幼鸟上体具白色斑点。虹膜褐色;嘴黑色;脚暗红。

留鸟。栖息于山地、丘陵地区的溪流附近。主要以水生昆虫等无脊椎动物为食。国家"三有"保护鸟类。

雌鸟 (赵凯 摄)

雌鸟 (赵凯 摄)

雄鸟 (汪湜 摄)

紫啸鸫 *Myophonus caeruleus* Blue Whistling Thrush

中等鸣禽。成鸟：通体紫蓝色，头及上体具浅色滴状斑。虹膜红褐色；嘴、脚黑色。

留鸟。栖息于山地、丘陵地区多岩石的溪流附近。主要以昆虫和小型甲壳动物为食，兼食浆果等植物性食物。

（汪湜　摄）

（赵凯　摄）

（杜政荣　摄）

小燕尾 *Enicurus scouleri* Little Forktail

　　小型鸣禽。成鸟:头、颈、胸以及上体大部黑色;前头、下背、尾上覆羽以及外侧尾羽白色;翼黑色,具白色翅斑;下体胸以下白色。虹膜褐色;嘴黑色;脚粉红色。

　　留鸟。栖息于山地、丘陵地区多岩石的溪流僻静处。主要以水生昆虫为食。

（汪湜　摄）

幼鸟　（赵凯　摄）

（吴海龙　摄）

（袁晓　摄）

白额燕尾 *Enicurus leschenaulti* White-crowned Forktail

中等鸣禽。成鸟:通体黑白两色,似小燕尾,但本种体型明显较大,尾长且尾叉深,腰部白色无黑色带斑。幼鸟:额、头及上体以及胸部均褐色。虹膜褐色;嘴黑色;脚粉红色。鸣声为单调的哨音。

留鸟。栖息于山地、丘陵地区僻静的溪流附近。主要以水生昆虫为食。

（赵凯　摄）

幼鸟　（赵凯　摄）

（赵凯　摄）

黑喉石鹏 *Saxicola maurus* Siberian Stonechat

小型鸣禽。雄鸟繁殖期:头、颈以及上体多黑色,颈基具大块白斑,尾上覆羽棕白色;翼具白色翅斑,胸棕栗色。冬羽:头及上体黑褐色沾棕灰,颏、喉白色。雌鸟:具较细的黑褐色过眼纹,头及上体暗褐色,具宽阔的棕褐羽缘;下体多棕色白色。虹膜褐色;嘴、脚黑色。

旅鸟。栖息于山地、丘陵的开阔地带。主要以昆虫为食。国家"三有"保护鸟类。

雄鸟 (赵凯 摄)

雌鸟 (赵凯 摄)

灰林䳸 *Saxicola ferreus* Grey Bushchat

　　小型鸣禽。雄鸟:眉纹白色,头及上体黑灰色,翼具白色翅斑;颏、喉以及尾下覆羽白色,下体余部浅灰色。雌鸟:颏、喉白色,体羽多褐色沾棕,尾上覆羽和尾羽基部两侧栗褐色。幼鸟上体具浅色点状斑纹。虹膜褐色;嘴、脚黑色。

　　留鸟。栖息于山地、丘陵地区的开阔地。主要以昆虫为食,兼食植物种子。

幼鸟 （赵凯 摄）

雌鸟 （夏家振 摄）

雄鸟 （薛辉 摄）

蓝矶鸫 *Monticola solitarius* Blue Rock Thrush

　　中等鸣禽。雄鸟:头、颈、胸以及上体辉蓝,两翼和尾羽黑褐色具蓝色羽缘,下体胸以下栗色。雌鸟:头顶至上背灰褐色,下背至尾上覆羽蓝灰色;飞羽和尾黑褐色;下体皮黄密布褐色斑纹。虹膜褐色;嘴、脚黑色。

　　留鸟。栖息于山间溪流附近的多岩地带。主要以昆虫为食。

雌鸟 (赵凯 摄)

华南亚种 雄鸟 (夏家振 摄)

华北亚种 雄鸟 (唐建兵 摄)

栗腹矶鸫 *Monticola rufiventris* Chestnut-bellied Rock Thrush

中等鸣禽。雄鸟:头、颈以及上体蓝色,头侧近蓝黑,背具浅色羽缘;下体胸以下栗红色。雌鸟:下颊和颈侧基部黄色;头顶、后颈以及上体蓝灰色,上体具黑色扇贝形斑纹;下体皮黄色,密布黑褐色鳞状斑纹。虹膜褐色;嘴、脚黑色。

留鸟。栖息于山地多岩的林缘地带。主要以昆虫为食。国家"三有"保护鸟类。

雌鸟 (夏家振 摄)

幼鸟 (夏家振 摄)

华北亚种 雄鸟 (夏家振 摄)

灰纹鹟 *Muscicapa griseisticta* Grey-streaked Flycatcher

（赵凯 摄）

小型鸣禽。成鸟：头及上体褐灰色，翼折合时飞羽末端接近尾端；下体白色，胸和两胁具清晰的黑褐色纵纹。幼鸟上体具点状斑纹。虹膜暗褐色；嘴、脚黑褐色。

旅鸟。栖息于林缘开阔地带。主要以昆虫为食。国家"三有"保护鸟类。

乌鹟 *Muscicapa sibirica* Dark-sided Flycatcher

（赵凯 摄）

小型鸣禽。似灰纹鹟，但胸及两胁烟灰色，斑纹模糊不清；头及上体暗灰褐色；翼相对灰纹鹟稍短，而较北灰鹟长，折合时飞羽末端达尾长的2/3。虹膜暗褐色；嘴、脚黑色。

旅鸟。栖息于林缘开阔地带。主要以昆虫为食。国家"三有"保护鸟类。

北灰鹟 *Muscicapa dauurica* Asian Brown Flycatcher

（赵凯 摄）

小型鸣禽。体羽与灰纹鹟和乌鹟相近。区别在于：本种下体灰白色，但无斑纹；翼相对较短，折合时不及尾长之半。虹膜暗褐色；嘴黑色，下嘴基部黄色；脚黑色。

旅鸟。栖息于林缘开阔地带。主要以昆虫为食。国家"三有"保护鸟类。

白眉姬鹟 *Ficedula zanthopygia* Yellow-rumped Flycatcher

小型鸣禽。雄鸟：眉纹白色，头及上体多黑色；下背至腰鲜黄色；翼具大型白色翅斑；下体仅尾下覆羽白色，余部鲜黄色。雌鸟：腰黄色，上体余部橄榄绿褐色；翼具2道白色翅斑；下体浅黄绿色，尾下覆羽白色。虹膜暗褐色；嘴、脚黑色。

旅鸟。栖息于山地、丘陵以及平原地区的阔叶林和针阔叶混交林。主要以昆虫为食。国家"三有"保护鸟类。

雌鸟 （赵凯 摄）

雄鸟 （唐建兵 摄）

鸲姬鹟 *Ficedula mugimaki* Mugimaki Flycatcher

小型鸣禽。雄鸟：头及上体黑色，眼后白色眉纹短，翼具白色翅斑；下体腹以上橙红色，余部白色。雌鸟：头及上体橄榄褐色；翼具2道白色翅斑；下体腹以上浅橙黄色。虹膜深褐色；嘴、脚黑褐色。

旅鸟。栖息于山地、丘陵以及平原地区的林间空地或林缘地带。主要以昆虫为食。国家"三有"保护鸟类。

雄鸟 （夏家振 摄）

雌鸟 （赵凯 摄）

红喉姬鹟 *Ficedula albicilla* Taiga Flycatcher

小型鸣禽。雄鸟繁殖羽：头及上体蓝灰色；尾羽黑褐色，外侧尾羽基部白色；颏、喉橙红色，胸和两胁橙黄色。雌鸟和雄鸟非繁殖羽：头及上体灰褐色，尾及尾上覆羽黑色，尾羽基部白色，胸以上灰褐色，两胁沾棕，下体余部白色。虹膜深褐；嘴、脚黑色。

旅鸟。栖息于低山、丘陵以及山脚平原地带的阔叶林或混交林。主要以昆虫为食。国家"三有"保护鸟类。

雄鸟 （夏家振 摄）

雌鸟 （唐建兵 摄）

白腹蓝鹟 *Cyanoptila cyanomelana* Blue-and-white Flycatcher

　　小型鸣禽。雌雄异色。雄鸟：头顶、后颈以及上体钴蓝色；头侧、喉至上胸以及两胁蓝黑色，下体余部白色。雌鸟：头及上体多橄榄褐色，尾上覆羽和尾棕褐色；头侧棕褐色，下体污白。虹膜暗褐色；嘴、脚黑色。

　　旅鸟。栖息于山地、丘陵地区的常绿阔叶林中。主要以昆虫为食。

幼鸟 （夏家振 摄）

雌鸟 （夏家振 摄）

雄鸟 （赵凯 摄）

雄鸟 （赵凯 摄）

梅花雀科 Estrildidae

白腰文鸟 *Lonchura striata* White-rumped Munia

　　小型鸣禽。成鸟：嘴短粗呈锥形，环嘴基黑褐色；头及上体多深褐色，上体具白色羽干纹；腰白色；胸、尾下覆羽栗褐色具浅色羽缘，下体余部白色。虹膜红褐色；上嘴黑色，下嘴蓝灰色；脚蓝黑色。

　　留鸟。栖息于林缘开阔地、农田等多种生境。多小群活动，主要以植物种子为食。

（赵凯　摄）

（汪湜　摄）

（吴海龙　摄）

斑文鸟 *Lonchura punctulata* Scaly-breasted Munia

　　小型鸣禽。成鸟似白腰文鸟,但腰褐色,头及上体栗褐色具浅色羽干纹;下体白色具栗褐色鳞状纹。幼鸟:下体皮黄色,无鳞状斑或鳞纹不完全。虹膜红褐色;上嘴黑色,下嘴蓝灰色;脚铅灰色。留鸟。栖息于低山、丘陵及平原地区的多种生境。常与白腰文鸟混群,主要以植物种子为食。

（赵凯 摄）

幼鸟 （赵凯 摄）

（赵凯 摄）

雀科 Passeridae

山麻雀 *Passer cinnamomeus* Russet Sparrow

小型鸣禽。雄鸟:喉具黑斑,头侧白色;头顶、后颈以及上体栗红色,背具黑色纵纹;翼具白色翅斑;下体灰白色。雌鸟:喉无黑斑,具白色眉纹和暗褐色过眼纹;头及上体沙褐色,下体污白色。虹膜褐色;嘴黑褐色;脚红褐色。

留鸟。栖息于低山、丘陵地区近居民点的开阔地。杂食性。国家"三有"保护鸟类。

雄鸟 (汪湜 摄)

雌鸟 (吴海龙 摄)

雄鸟 (汪湜 摄)

麻雀 *Passer montanus* EurasianTree Sparrow

　　小型鸣禽。成鸟:头棕褐色,后颈基部具白色颈环;颊白色具黑斑,颏喉黑色;上体多棕褐色,背具黑色纵纹;胸腹灰白色。幼鸟:喉无黑斑,体羽羽色较暗。虹膜深褐色;嘴黑褐色;脚粉色。

　　留鸟。栖息于居民点和农田附近。成小群活动。杂食性。

幼鸟 （杜政荣 摄）　　　　　　　　　　（赵凯 摄）

（汪湜 摄）

鹡鸰科 Motacillidae

山鹡鸰 *Dendronanthus indicus* Forest Wagtail

小型鸣禽。成鸟:眉纹白色,贯眼纹暗褐色;头及上体大部灰橄榄褐色,翼具3个白斑;尾长,最外侧尾羽白色;下体白色,胸具2道黑色带纹。虹膜暗褐色;上嘴黑褐色,下嘴粉色;脚粉色。

夏候鸟。栖息于林间开阔地以及林缘地带。主要以昆虫等为食。国家"三有"保护鸟类。

(夏家振 摄)

(夏家振 摄)

黄鹡鸰 *Motacilla tschutschensis* Eeasern Yellow Wagtail

　　小型鸣禽。似灰鹡鸰,但背橄榄绿色,下体黄色。堪察加亚种:眉纹白色,头顶至后颈灰色,背橄榄绿色。台湾亚种:眉纹黄色,头顶、后颈与背同为橄榄绿色。东北亚种:头黑灰色,无眉纹,背橄榄绿色。

　　旅鸟。栖息于溪流附近的开阔地。主要以昆虫为食。国家"三有"保护鸟类。

东北亚种　(夏家振　摄)　　　　　　　　台湾亚种　(赵凯　摄)

勘察加亚种　(赵凯　摄)

黄头鹡鸰 *Motacilla citreola* Citrine Wagtail

小型鸣禽。雄鸟：头及下体鲜黄色，后颈基部具黑色半颈环；上体灰色，翼上具两道白色翅斑。雌鸟：头顶、后颈以及上体灰色沾绿，下体浅黄色。虹膜褐色；嘴、脚黑褐色。

旅鸟。栖息于水域附近的开阔地。主要以昆虫为食。国家"三有"保护鸟类。

雌鸟 （夏家振 摄）

雄鸟 （汪湜 摄）

灰鹡鸰 *Motacilla cinerea* Grey Wagtail

中小型鸣禽。成鸟繁殖羽：额、喉黑色，下体余部黄色；眉纹和下颊纹白色，过眼纹黑褐色；头及上体多灰色，腰至尾上覆羽黄绿色。雌鸟与雄鸟非繁殖羽：额、喉白色，下体黄白色，尾下覆羽黄色。虹膜褐色；嘴黑褐色；脚暗红色。

夏候鸟。栖息于山地、丘陵地区的溪流附近。主要以昆虫为食。国家"三有"保护鸟类。

（赵凯　摄）

（汪湜　摄）

（赵凯　摄）

白鹡鸰 *Motacilla alba* White Wagtail

　　中小型鸣禽。成鸟：额、前头、颊白色，头顶及上体黑褐色或灰褐色；下体白色，胸具半圆形黑色斑块；翼具白色翅斑；外侧尾羽纯白色。虹膜暗褐色；嘴、脚黑褐色。灰背眼纹亚种：头顶至后颈黑色，背至腰灰色，具细的黑色过眼纹。普通亚种：头及上体黑色，无过眼黑纹。

　　留鸟。栖息于开阔地带。主要以昆虫等无脊椎动物为食。国家"三有"保护鸟类。

幼鸟 （赵凯 摄）

（赵凯 摄）

（汪湜 摄）

田鹨 *Anthus richardi* Richard's Pipit

（薄顺奇　摄）

中小型鸣禽。成鸟:头及上体多黑褐色,具棕褐色羽缘;尾黑色,最外侧2对白色;胸和两胁棕黄色,胸部具黑褐色点状斑纹,下体余部白色。虹膜褐色;上嘴黑褐色,下嘴黄色;脚黄褐色,后爪略长于后趾。

夏候鸟。栖息于农田或开阔的草地。站立时多呈垂直姿势。主要以昆虫为食。国家"三有"保护鸟类。

（朱英　摄）

树鹨 *Anthus hodgsoni* Olive-backed Pipit

中小型鸣禽。成鸟:后爪短于后趾;白色眉纹在眼先棕黄,过眼纹黑褐色,耳羽后方具白斑;头及上体橄榄绿色或灰褐沾绿,微具暗褐色纵纹;胸和两胁具粗著的黑褐色纵纹。虹膜红褐色;上嘴黑色,下嘴浅黄;脚暗红褐色。

冬候鸟。栖息于林缘开阔地。主要以昆虫为食。国家"三有"保护鸟类。

（赵凯　摄）

（赵凯　摄）

红喉鹨 *Anthus cervinus* Red-throated Pipit

（夏家振　摄）

中小型鸣禽。成鸟繁殖羽：头侧、颈侧、胸棕红色，胸以下浅黄色，体侧具黑褐色纵纹；头顶、后颈以及上体灰褐色，具粗著的黑褐色纵纹。非繁殖羽：眉纹棕色，耳羽褐色；上体黑褐色，各羽具黄褐色羽缘；下体黄白色，胸及体侧具黑褐色纵纹。虹膜褐色；嘴黑色；脚暗红色。

旅鸟。栖息于近水的开阔地带。主要以昆虫为食。国家"三有"保护鸟类。

（夏家振　摄）

黄腹鹨 *Anthus rubescens* Buff-bellied Pipit

中小型鸣禽。似水鹨,非繁殖期:下体近白色,胸及两肋具浓密而粗著的黑色纵纹,颈侧具黑色斑块。繁殖羽:下体皮黄色,胸及两肋具黑色纵纹。虹膜暗褐色;嘴黑色,下嘴基部黄色;脚红褐色。

冬候鸟。栖息于浅水水域及其附近的开阔地。多小群活动,主要以昆虫为食。国家"三有"保护鸟类。

（赵凯 摄）

（汪湜 摄）

（夏家振 摄）

水鹨 *Anthus spinoletta* Water Pipit

（赵凯　摄）

小型鸣禽。非繁殖期：眉纹白色，头及上体灰褐色，翼具2道白色翅斑；下体皮黄色，胸和两胁具暗褐色纵纹。繁殖期：胸和两胁浅葡萄红色，胸部具黑色点状斑纹。虹膜暗褐色；上嘴黑色，下嘴基部黄色；脚暗红褐色。

冬候鸟。栖息于浅水水域及其附近的开阔地。主要以昆虫为食。国家"三有"保护鸟类。

（赵凯　摄）

燕雀科 Fringillidae

燕雀 *Fringilla montifringilla* Brambling

中小型鸣禽。雄鸟繁殖羽：头、后颈至背黑色，腰白色，尾黑色；颏、喉、胸以及肩部橙色，下体余部白色，两胁具褐色点斑；非繁殖期头部黑色沾灰。雌鸟：头颈棕褐色，上体具黑色纵纹，下体同雄鸟。

冬候鸟。栖息于林缘等多种生境。集群活动。主要以植物果实和种子为食。国家"三有"保护鸟类。

（夏家振　摄）

（夏家振　摄）

（赵凯　摄）

（赵凯　摄）

黑尾蜡嘴雀 *Eophona migratoria* Chinese Grosbeak

中小型等鸣禽。雄鸟:头、颈黑色具蓝色金属光泽,上体灰橄榄褐色;两翼黑色,具白色翅斑;两胁橙黄色,尾下覆羽白色,下体余部灰褐色。雌鸟:头及上体灰褐色。虹膜红褐色;嘴粗大黄色,先端黑色而基部白色或暗蓝色;脚红褐色。

留鸟。栖息于林缘多种生境。主要以植物果实和种为食。国家"三有"保护鸟类。

雌鸟 (赵凯 摄)

雄鸟 (赵凯 摄)

金翅雀 *Chloris sinica* Grey-capped Greenfinch

　　小型鸣禽。雄鸟:头顶至后颈灰褐沾黄;背暗栗褐色,腰亮黄色;翼具黄色翅斑;下体多棕栗色,尾下覆羽黄色。雌鸟:体羽棕色较淡,尾下覆羽浅黄色。虹膜深褐;嘴淡粉色;脚红褐色。

　　留鸟。栖息于林缘等多种生境。主要以植物种子和果实为食。国家"三有"保护鸟类。

雌鸟 （赵凯 摄）

雄鸟 （赵凯 摄）

幼鸟 （赵凯 摄）

黄雀 *Spinus spinus* Eurasian Siskin

　　小型鸣禽。雄鸟：眉纹亮黄色，头顶至后颈黑色，头侧黄色；上体多黄绿色具黑褐色纵纹；腰黄色；翼具宽阔的黄色翅斑；颏黑色，下体多白色沾黄，两胁具褐色纵纹。雌鸟：头无黑色；颏无黑斑；下体白色，具黑褐色纵纹。虹膜近黑；上嘴暗褐色，下嘴色淡；脚红褐色。

　　冬候鸟。栖息于山地、丘陵地区的林缘地带。集群活动，主要以植物果实和种子为食。国家"三有"保护鸟类。

雄鸟 （赵凯 摄）

雌鸟 （赵凯 摄）

雌鸟 （赵凯 摄）

鹀科 Emberizidae

凤头鹀 *Melophus lathami* Crested Bunting

中小型鸣禽。雄鸟繁殖羽：头具尖长的冠羽，通体黑色；两翼和尾栗色，羽尖黑褐色。非繁殖羽体羽黑色沾灰。雌鸟：冠羽较雄鸟短，通体橄榄褐色，飞羽和外侧尾羽羽缘栗褐色。虹膜褐色；上嘴黑褐色，下嘴粉色；脚红褐色。

留鸟。栖息于山地阔叶林的林缘、灌丛。主要以植物种子为食。国家"三有"保护鸟类。

雄鸟 （夏家振 摄）

雌鸟 （钱斌 摄）

雄鸟 （夏家振 摄）

蓝鹀 *Emberiza siemsseni* Slaty Bunting

雌鸟 （朱英 摄）

小型鸣禽。雄鸟：通体多暗蓝色体，腹至尾下覆羽白色；两翼和尾黑褐色，均具蓝色羽缘，外侧尾羽具白斑。雌鸟：头、颈、下体大部以及背棕黄色，背具暗褐色纵纹；腰至尾上覆羽灰色，尾下覆羽白色。虹膜红褐色；嘴黑色；脚红褐色。

留鸟。栖息于山地、丘陵地区的林下和林缘灌丛中。主要以昆虫和植物种子为食。国家"三有"保护鸟类。

雄鸟 （夏家振 摄）

三道眉草鹀 *Emberiza cioides* Meadow Bunting

中小型鸣禽。雄鸟：眉纹和下颊白色，眼先和髭纹黑色；头顶、耳羽栗色，颏、喉白色，颈侧蓝灰；上体多棕栗色具褐色纵纹，下体多红棕色；最外侧2对尾羽具白斑。雌鸟羽色稍浅。幼鸟：上体黑褐色具黄褐色羽缘；下体皮黄色具黑褐色纵纹。

留鸟。栖息于林缘开阔地。主要以植物种子和昆虫为食。国家"三有"保护鸟类。

幼鸟（赵凯 摄）

（赵凯 摄）

（赵凯 摄）

白眉鹀 *Emberiza tristrami* Tristram's Bunting

中小型鸣禽。雄鸟繁殖羽:头、颈黑色,具3条显著的白色条纹:顶冠纹、眉纹和下颊纹;背、肩橄榄灰褐色,腰和尾上覆羽栗红色;外侧尾羽具白斑;胸和两胁棕褐色具暗栗色纵纹。雌鸟:顶冠纹、眉纹和下颊纹白色沾黄;头及上体褐色沾棕。虹膜棕褐色;上嘴黑色,下嘴粉色;脚红褐色。

旅鸟。栖息于林下和林缘灌丛。主要以昆虫和植物浆果、种子为食。国家"三有"保护鸟类。

雄鸟 (夏家振 摄)

雌鸟 (吴海龙 摄)

雄鸟 (赵凯 摄)

栗耳鹀 *Emberiza fucata* Chestnut-eared Bunting

中小型鸣禽。耳羽和小覆羽栗色。雄鸟繁殖羽：头顶、后颈灰褐色；下颊白色，髭纹黑褐色；上体多栗色具黑色纵纹；下体多白色，胸具黑色纵纹和栗色环带，两胁浅栗色具褐色纵纹。雌鸟及雄鸟冬羽：体羽栗色较浅，胸部栗色带纹不明显。

冬候鸟。栖息于林缘灌丛或高草地。冬季集群。主要以植物浆果和种子为食。国家"三有"保护鸟类。

（汪湜　摄）

（赵凯　摄）

小鹀 *Emberiza pusilla* Little Bunting

（赵凯 摄）

小型鸣禽。成鸟：头红褐色，头顶两侧黑褐色；耳羽缘以黑色带纹，下颊纹白色沾黄，髭纹黑褐色；上体灰褐色，具黑褐纵纹；下体白色，体侧黑色纵纹。虹膜暗褐色；上嘴黑褐色，下嘴色浅；脚黄褐色。

冬候鸟。栖息于林缘灌丛或农田附近。集群活动。主要以植物种子为食。国家"三有"保护鸟类。

（赵凯 摄）

黄眉鹀 *Emberiza chrysophrys* Yellow-browed Bunting

　　小型鸣禽。雄鸟繁殖羽：头顶黑色，中央具白色纵纹；眉纹前端黄色后端白色，耳羽黑色具白斑，下颈白色；上体棕褐色沾灰，背具黑色纵纹；外侧尾羽具白斑；下体近白色，胸和两胁具清晰的黑褐色纵纹。雌鸟和雄鸟冬羽：头暗栗色，耳羽栗褐色。虹膜暗褐色；上嘴黑褐色，下嘴粉色；跗蹠及趾粉色。

　　冬候鸟。栖息于林缘灌丛。冬季主要以植物种子为食。国家"三有"保护鸟类。

（赵凯　摄）

（赵凯　摄）

（赵凯　摄）

（程东升　摄）

田鹀 *Emberiza rustica* Rustic Bunting

（杜政荣　摄）

小型鸣禽。眉纹、下颊白色；下背至尾上覆羽栗红色，白色羽缘形成鳞状斑。雄鸟繁殖期头及后颈黑色，胸和体侧具栗红色斑纹。雌鸟及雄鸟冬羽：头暗栗色，耳区褐灰缘以黑褐色。虹膜暗褐色；上嘴黑褐色，下嘴粉色；脚红色。

冬候鸟。栖息于林缘、灌丛以及耕地附近。主要以植物种子为食。国家"三有"保护鸟类；IUCN易危种（VU）。

（杜政荣　摄）

黄喉鹀 *Emberiza elegans* Yellow-throated Bunting

　　小型鸣禽。雄鸟：头黑色，前头具竖立的羽冠，枕部黄色；上背栗褐色，颈侧、下背至尾上覆羽蓝灰色；喉黄色，胸具大形黑斑，下体余部白色，体侧具褐色纵纹。雌鸟头棕褐色，喉皮黄色，胸无黑斑。虹膜深褐色；嘴黑色，下嘴色浅；脚红色。

　　冬候鸟。栖息于林缘灌丛。主要以昆虫和植物种子为食。国家"三有"保护鸟类。

（赵凯 摄）

幼鸟 （赵凯 摄）

雌鸟 （汪湜 摄）

雄鸟 （汪湜 摄）

黄胸鹀 *Emberiza aureola* Yellow-breasted Bunting

　　小型鸣禽。中覆羽白色形成显著的白色翅斑。雄鸟：头侧、颏和上喉黑色，头顶、后颈以及上体栗红色；下体鲜黄，胸具栗色带纹，两胁具暗栗色纵纹。雌鸟：眉纹皮黄色，头及上体黑褐色具棕褐色羽缘；下体浅黄色，两胁具褐色纵纹。虹膜暗褐色；上嘴黑褐色，下嘴粉色；脚红褐色。

　　旅鸟。栖息于灌丛、芦苇等生境。集群迁徙。主要以昆虫为食，兼食植物种子。国家"三有"保护鸟类；IUCN濒危种（EN）。

雄鸟 （夏家振 摄）

雌鸟 （赵凯 摄）

雄鸟 （夏家振 摄）

栗鹀 *Emberiza rutila* Chestnut Bunting

　　小型鸣禽。雄鸟繁殖羽:头、颈、上体栗红色,下体胸以下柠檬黄色。雌鸟:头栗褐色,背灰褐色具栗黑色纵纹,腰至尾上覆羽栗红色;颏、喉皮黄色,下体余部柠檬黄色,两胁具黑褐色条纹。虹膜棕褐色;嘴黑褐色;脚红褐色。

　　旅鸟。栖息于林缘开阔地。主要以昆虫和植物种子为食。国家"三有"保护鸟类。

雄鸟 (夏家振 摄)　　　　　　雌鸟 (唐建兵 摄)

雄鸟 (夏家振 摄)

灰头鹀 *Emberiza spodocephala* Black-faced Bunting

　　小型鸣禽。雄鸟：眼先和眼周黑色，头、颈灰色沾绿；背红褐色具黑褐色纵纹，尾上覆羽棕褐色；下体胸以下浅黄色，体侧具暗褐色纵纹。雌鸟：眉纹皮黄，下颊白色沾黄，呈月牙形；头顶棕褐，上体灰褐色，均具黑褐色纵纹；下体白色沾黄，体侧具褐色纵纹。虹膜暗褐色；上嘴黑色，下嘴粉色；脚红褐色。

　　冬候鸟。栖息于林缘灌丛、芦苇多种生境。主要以昆虫和植物种子为食。国家"三有"保护鸟类。

雄鸟 （夏家振 摄）

雄鸟 （赵凯 摄）

雌鸟（汪湜 摄）

雌鸟 （杜政荣 摄）

苇鹀 *Emberiza pallasi* Pallas's Bunting

小型鸣禽。冬羽:眉纹灰色,耳羽棕褐色,下颊白色,髭纹暗褐色;头棕褐色具黑褐色斑纹,后颈灰色;上体沙褐色具黑褐色纵纹;下体污白色,两胁具褐色纵纹。雄鸟夏羽:头、颈黑色,下颊白色;腰至尾上覆羽灰白色;小覆羽蓝灰色,下体余部白色。虹膜暗褐色;上嘴黑色,下嘴色浅;脚红褐色。

旅鸟。栖息于芦苇丛或近水灌丛。小群活动。主要以植物种子为食,兼食昆虫。国家"三有"保护鸟类。

（赵凯　摄）

（赵凯　摄）

（汪湜　摄）

参 考 文 献

安徽师范大学林业调查规划设计院. 贵池老山省级自然保护区综合考察报告[R]. 2014.

安徽师范大学林业调查规划设计院. 贵池十八索省级自然保护区综合考察报告[R].2015.

安徽师范大学林业调查规划设计院. 贵池杏花村省级湿地公园生物多样性调查报告[R]. 2015.

李炳华. 安徽雉科鸟类的初步研究[J]. 安徽师范大学学报,1992(3):76-81.

段文科,张正旺. 中国鸟类图志:上卷,非雀形目[M].北京:中国林业出版社,2017.

王岐山,胡小龙. 安徽九华山鸟类调查报告[J]. 安徽大学学学报,1978(1):56-84.

王岐山. 安徽动物地理区划[J]. 安徽大学学报(自然科学版),1986(1):47-60.

吴海龙,顾长明. 安徽鸟类图志[M]. 芜湖:安徽师范大学出版社,2017.

约翰·马敬能,卡伦·菲利普斯,何芬奇. 中国鸟类野外手册[M]. 长沙:湖南教育出版社,2000.

张雁云,张正旺,董路,等. 中国鸟类红色名录评估[J]. 生物多样性,2016,24(5):568-577.

赵凯,张宏,顾长明,等. 安徽省七种鸟类新纪录[J]. 动物学杂志,2017,52(2):1-5.

赵正阶. 中国鸟类手册:上卷,非雀形目[M]. 长春:吉林科学技术出版社,2001.

赵正阶. 中国鸟类手册:下卷,雀形目[M]. 长春:吉林科学技术出版社,2001.

郑光美. 中国鸟类分类与分布名录[M]. 3版. 北京:科学出版社,2017.

郑作新. 中国鸟类系统检索[M]. 3版. 北京:科学出版社,2002.